住房城乡建设部土建类学科专业"十三五"规划教材
高校建筑学专业规划推荐教材

十三五

READING ON

CANONICAL

经典建筑解读

孔宇航 辛善超 著

ARCHITECTURES

中国建筑工业出版社

图书在版编目（CIP）数据

经典建筑解读/孔宇航，辛善超著．—北京：中国建筑工业出版社，2019.4（2024.11重印）

住房城乡建设部土建类学科专业"十三五"规划教材

高校建筑学专业规划推荐教材

ISBN 978-7-112-23321-2

Ⅰ.①经…　Ⅱ.①孔…②辛…　Ⅲ.①建筑艺术－艺术评论－世界－高等学校

教材　Ⅳ.①TU-861

中国版本图书馆CIP数据核字（2019）第028254号

责任编辑：陈　桦　王　惠

责任校对：党　蕾

为了更好地支持相应课程的教学，我们向采用本书作为教材的教师提供课件
和相关教学资源，有需要者可与出版社联系。

建工书院：http://edu.cabplink.com

邮箱：jckj@cabp.com.cn　电话：（010）58337285

住房城乡建设部土建类学科专业"十三五"规划教材

高校建筑学专业规划推荐教材

经典建筑解读

孔宇航　辛善超　著

*

中国建筑工业出版社出版、发行（北京海淀三里河路9号）

各地新华书店、建筑书店经销

北京雅盈中佳图文设计公司制版

建工社（河北）印刷有限公司印刷

*

开本：787×1092毫米　1/16　印张：13　字数：351千字

2019年8月第一版　2024年11月第三次印刷

定价：**49.00**元（赠教师课件）

ISBN 978-7-112-23321-2

　　　（33625）

—序—

　　这是一本关于解读建筑空间与形式的书。作者精心选取了 19 个优秀建筑师的经典作品，从设计的视角进行解读与剖析，并有意识地避开影响建筑作品生成的历史、社会与人文的因素，而以建筑内在的生成规律为切入点，从几何性图解、空间操作与形式生成方法分析每个作品成因。作品解读细致入微，无论对设计课的教学还是相关设计理论课的讨论均有启发性，可以作为我国建筑学专业高年级本科生与研究生重要的设计参考书。

　　基于作者在美国的留学、工作经历，以及在欧洲诸多国家和日本进行的实地建筑考察（其中包括本书的大部分作品），本书的写作内容带有现场思考的印记，与一般通过阅读作品进行分析的文章有所区别。尽管随着时间的变迁和解读者个人的视角变化会引起对建筑作品的不同解读，然而对于建筑核心组织体系的解读不会有太大的差异。书中以现代空间、有机空间、单元组合与容积规划四种空间组织体系对 19 个经典作品进行了相应的归类，并进行了阅读指导性的概述。在现代空间篇中，以勒·柯布西耶的萨伏伊别墅开篇，从纽约五建筑师的代表人物到目前仍活跃在国际舞台上的雷姆·库哈斯、斯蒂文·霍尔、伊东丰雄的作品，梳理了一条相对清晰的关于现代建筑空间生成与演变的轨迹；在有机空间篇中，以流水别墅、玛丽亚别墅、布里昂墓园与缪尔马基教堂四个作品为例，阐述了有别于以柯布西耶为线索的另一种空间组织方式，即在自然、人文层面得以拓展和补充的空间体系；在单元组合篇中，五个作品的选择重点刻画了单元空间组合的艺术以及由局部到整体和由整体到局部的空间与形式构建方法；在容积规划篇中，通过解读路易斯·巴拉干和阿尔瓦罗·西扎的作品，阿道夫·路斯体积规划法的发展脉络清晰可见。

　　建筑教育的基本任务是培养学生扎实的基本功与职业修养，使学生不仅知其然还能知其所以然。作者在教学实践中积累了大量的资料并进行了深度的思考，整体看来，无论是文字叙述还是图解分析均反映了作者在设计方法层面深度的研究与思辨。孔宇航老师在该书的撰写过程中，目标明晰，行文方式亦反映了其在当代语境下对建筑教育的深度反思，如何在新的历史时期培养既有很强的责任感又具备深厚的建筑设计与理论功底的建筑师是建筑教育工作者的良心与责任所在。

彭一刚

——Preface——

作品的解读既可以是描述性的文本，亦可以是操作性的推演，本书的立意更倾向于后一种状态，作为建筑学院校在校学生的参考书，无论是概念设计还是空间组织与形式生成，本书内容均可以帮助学生对作品进行深入的分析与阅读，从而掌握不同建筑师的设计方法。还原性的解读能够帮助学生在课程设计中或者年轻建筑师在实际项目设计过程中具有更加清晰的认知。

本书选择了 19 个作品进行阅读与分析，作者在求学、从教的过程中实地考察过其中三分之二的作品，未实地考察过的作品亦曾亲自聆听过建筑师本人的设计课与讲座。作品的选择从早期的萨伏伊别墅到仙台媒质机构，时间跨度从 20 世纪初期一直到 21 世纪初，期间经历了多种思潮的演变、建造技术与材料的革新，然而其空间组织、形式生成、场所感知、建造逻辑似乎存在着某种隐匿的共性。

所选作品的绝大部分已经成为建筑史书中的经典案例。史学界、评论家从各种不同的视角进行过评价与论述，其中不乏精辟之言。本书的宗旨在于：从设计的视角，在空间、形式、场所与建造层面进行解读，试图探索建筑的内在规律，并归纳出建筑生成方法。作品分析的过程是重新阅读与构建的过程，亦是还原的过程，从而使读者增进了关于建筑生成过程深度的理解，获取明晰的设计方法。一座经典的建筑就像一本书，分析的过程已不仅仅在于所呈现的文字和形式，更为重要的是分析其行文的思维方式、写作方法与文章结构，以及其内在生成逻辑。

学生们曾经经历过以功能为依据进行空间划分的课程训练，而关于形式的探讨有时只限于立面形式。在设计之初，自由的空间即存在于特定的场地中，等待着被界定、被发现、被创造、被接纳。建筑师、工程师、匠人使得建筑空间从宇空中获得定位与归属。优秀的建筑师铸就了伟大的形式与绝妙的空间，建筑不仅作为物质性而存在，而且作为精神的载体与文化的力量永恒地留存在人类的记忆中。萨伏伊别墅代表着现代建筑的赞歌；流水别墅记载着建筑与自然完美的结合；玛丽亚别墅是一座充满诗意的现代庄园；理查德医学院则以古典的方式塑造了现代精神。从路易斯·巴拉干的自宅、卡洛·斯卡帕的墓园到莱维斯卡的教堂；

从阿尔瓦罗·西扎的博物馆到彼得·卒姆托的温泉浴场，这些案例的选择并非源于人从生到死各个阶段活动类型的定位，而是其空间构成的奇妙性与可读性注定了其被选择的必然性。

20世纪80年代中期，笔者有幸上过彼得·埃森曼、查尔斯·格瓦斯梅的设计课，可以看出系统的设计教学方法对学生设计能力产生了深远的影响。约翰·海杜克这位教父级的建筑教育家一生中并未实现几个作品，但对美国建筑教育的贡献是巨大的。阅读其作品，无论是图纸还是文字均能带来刻骨铭心的记忆，洗练的线条颇有布道者的意味。理查德·迈耶与斯蒂文·霍尔的作品在所处环境中总能给人某种新颖而脱俗的体验。近几年笔者在日本的建筑考察中，无论是安藤忠雄、伊东丰雄与妹岛和世的作品，均可以感知到东方文化的印记，他们对建筑的深度思考与操作无疑证明存在于当代经典建筑空间操作与形式构成中的东方意境。

关于空间的思考

从大学入学的第一天起，空间就会作为一个极为关键的语汇伴随你的一生，就像人类离不开空气和水一样，建筑师的生涯永远和空间与形式相随。而课程设置以建筑设计课为主线展开让初学者了解关于建筑的知识以及空间与形式生成的方法。在一系列设计训练过程中，学生经历了从空间的初步认知、具体操作与熟练掌握的过程，然后进入职业生涯。然而当你顿足回首时，似乎仍然处于迷惘之中。关于空间，建筑师似乎永远无法真正地定义，其一直处于动态的进程中，仁者见仁，智者见智。但这并不影响笔者对空间发展历程和整体框架进行有效的梳理。自1996年至现在，我一直开设一门关于建筑设计方法的研究生课程，为了避免抽象的说教，上课主要以案例分析为主，通过作品的解读和分析，叙述每个建筑师的设计智慧与方法，并通过图解分析加深学生对空间的理解与把握。课程除了讲解外，还要求学生进行自主选择性的分析，采用互动式教学并不断更新教案。教学的逐步积累形成了一系列的作品群，正是长期持续的授课与内容的不断更新成就了本书的原始档案。

在对案例的分析过程中，我们可以从中了解很多设计过程的痕迹，每个作品均能反映建筑师创作的轨迹、设计的过程与对所处时代的应对。建筑师不仅构建人类居住、工作的空间与场所，更重要的是使空间充满诗意；不仅使人生活在其中，更能通过亲历其境的体验感知空间的情趣。建筑空间既是生活性的日常空间，又是冥想性的精神空间，既呈现丰富的生活场景，又充满哲理。

案例分析是打开建筑之门的一把钥匙。通过案例解析，借助于最终的空间与形式去推导其生成过程，并了解建筑师是如何从简单的几何形体一步步地推进并铸就成最终的形式。通过形式分析，可以推导建构形式与艺术形式之间的关系。更重要的是，建筑能够呈现历史的进程，任何一种形式的存在均有着其渊源。因此，案例分析不仅打开了建筑之门，更让你进入了历史的隧道。比如勒·柯布西耶设计的萨伏伊别墅，不仅是其新建筑五项原则的具体呈现，更是其基于古典建筑的逆向思维所形成的概念方法与范式转译。在分析伊东丰雄设计的仙台媒质机构时，我们能了解到伊东丰雄在刻意针对柯布西耶的多米诺体系进行逆向操作。案例分析让我们进入了空间与形式内在性的王国，反映了每个建筑师在设计过程中的领悟力与整体把握度。

平面图的力量

平面是解析建筑空间的利器，空间的质量始于平面布局的艺术，平面图是检验建筑师修养的基石。

成就一栋建筑固然有很多原因，然而对平面的精准把握是建筑师必须掌握的方法。平面中隐含着大量的空间信息。在作品的解读中，以平面图为切入点，其几何图形、整体构架、建筑所有的元素均呈现在平面组织中。平面图恰似画家的画板、音乐家的乐谱、作家的文本、数学家的公式。可以想象杰出的绘画，优美的乐曲，经典的文学作品与伟大的科学成就，与建筑一样以抽象的方式呈现。建筑平面以抽象的线条与几何表达丰富的空间信息。我们可以简单地以几何图形来说明建筑的特征。方形的平面代表建筑的中心性，均质性，而"L"形与"一"字形则呈现出建筑的边界性与功能性。如果从方形中间抽离出更小的方形空间，原有集中的体量则演变成为一个"回"形的四合院，而将"回"字形沿边界处切一刀则可能会演变成为"U"字形加"一"字形的建筑组合。

如果从空间组合关系看，我们可以将平面分为整体拆解型与单元组合型。如伊东丰雄设计的仙台媒质机构典型属于第一种类型，而路易·康的理查德实验楼则是通过单元组合而成，妹岛和世的金泽美术馆则是一个大的圆形包裹了大小不同、形状各异的单元。

从平面图中，亦能区分不同的空间组织方法。两个方形进行错位叠加，形成交叠的图形，一个彼此共享的空间便由此产生。该空间既可以是实体服务性空间，亦可以是虚体空间。以往平面图通常被定义为功能空间的生成器，一种实用主义的功能组合成为平面阅读的方法，即使现在也很难将该方法定义为错的，因为功能的确为平面组织的一部分。然而问题在于这样的组织忽略了空间的主体性与自律性，偏移了建筑学的核心。平面是空间与形式在二维上的投射。功能，或称之为使用要求，一直处于变化的过程中。建筑是为人使用而设计，而机械的功能主义平面划分会使建筑失去时间的变化维度。

在 19 个案例的分析中，我们将其划分为四类，分别为现代空间、有机空间、单元组合和容积规划。事实上所有被分析的建筑尽管时间跨度很长，但均呈现出建筑师空间构思的智识，其所有的特征在组织与操作层面呈现出高度的有机性。

从本书的初始写作计划到现在应该十年有余，相当一部分案例分析已经在各种期刊上发表过，回首重读时，发现尚有许多内容需要修改与补充。从 2015 年圣诞节至今，几乎发动了工作室所有教师与学生，进行文字写作、图解绘制与整理工作。原先一直以为全稿是专著的方式出版，写作方式一直以此为依据，而当今以"十三五"教材的方式出现，恐怕在作为教材的规范性上亦可能会存在阅读上的某种难度。落笔时，顿感轻松，希望这本书能对广大的建筑学专业学生以某种启迪也就颇感欣慰了。

本书于 2021 年 9 月获评住房和城乡建设部"十四五"规划材料。

—Contents—

—目录—

第一篇　现代空间

图 1　萨伏伊别墅

　　勒·柯布西耶（Le Corbusier）以划时代的洞察力捕捉了现代文明的结构技术与材料，使自由空间体系成为可能。多米诺体系（Domino）释放了空间操作的潜能，广泛的阅历和艺术家的天赋使柯布西耶所构建的空间体系既可以寻找到历史的踪迹，又与同时代的艺术成就相关联。柯布西耶是现代建筑的开创者，其影响力经久不衰。当重新阅读萨伏伊别墅时，其非凡的空间创造能力仍然值得回味。"纽约五"建筑师继承了柯布西耶早期建筑遗产并进行了有意义的转译。

　　约翰·海杜克（John Hejduk）以诗人的智慧进行了长期的学术研究，构建了一系列建筑原型，在国际建筑界与教育界产生了重要影响。阅读其作品时，能感知到其洗练的线条与纯净的体量所传

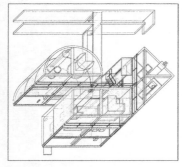

图2 1/2宅

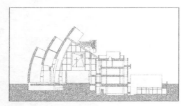

图3 千禧教堂

递的诗意。尽管很多作品并未建成，但在纷呈的当代建筑语境中，仍能起到净化心灵的功效。

查尔斯·格瓦斯梅（Charles Gwathmey）与理查德·迈耶（Richard Meier）对柯布西耶的作品进行了大量的研究与考察，并运用现象透明性原理从事建筑思考与创作。他们不仅继承了柯布西耶建筑思想的内涵，同时亦丰富了空间设计方法，并契合了时代之精神。游历在他们所设计的建筑中，不仅能领悟到其空间的组织逻辑，同时精致的形式、细部与材料运用亦让人感受到强烈的当代气息。

彼得·埃森曼（Peter Eisenman）应该是他们这一代人当中最为杰出的理论家与实验派建筑师。他也许更钦佩柯布西耶一生建筑风格不断变化的创作激情，无论是早期卡纸板住宅系列还是晚期建筑实践，他不断推出新的建筑理念，并试图从其他学科中汲取营养，他应该是最早将分形几何引入建筑创作的建筑师之一。埃森曼还是一名优秀的建筑教育家，能够很好地将理论写作、设计研究与教学实践相结合，并进行探索与创新。本书所选的维克斯纳视觉艺术中心（Wexner Center for the Arts）是埃森曼一生中的巅峰之作。

雷姆·库哈斯（Rem Koolhaas）、斯蒂文·霍尔（Steven Holl）与伊东丰雄（Toyo Ito）是活跃在当今舞台上的建筑大家，极具影响力。库哈斯以简练的手笔将波尔多住宅（Maison à Bordeaux）

图4 维克斯纳视觉艺术中心

塑造成一座现代意义上的"城堡"。赫尔辛基当代博物馆（Kiasma）所展示的场所性、空间、形式与细部，既采用了霍尔一贯的设计手法又让人感受到当代芬兰建筑的地域气息。伊东丰雄设计的仙台媒质机构（Sendai Mediatheque）是针对柯布西耶的多米诺体系的逆向操作，其空间流动性、中心性消解与边界模糊性是该建筑重要的三个特征，且呈现出东方文化的韵味。

从萨伏伊别墅到仙台媒质机构，这八个作品虽然所处的时空不同，但都呈现了经典的建筑空间与形式。尽管建筑师的设计理念有很大差异，但在空间操作与形式生成上却有异曲同工之妙。这一系列作品虽不能代表整个 20 世纪的建筑思潮，但现代建筑设计方法沿着某种方向传承并演进着。从柯布西耶的"剪刀型"坡道、埃森曼的"脚手架"、伊东丰雄的管状柱到霍尔的弧形坡道似乎均在暗示着某种共同的建筑价值观，并沿着时间的隧道使现代建筑的空间与形式在不同时期尽情呈现。

图 5　波尔多住宅

图 6　赫尔辛基当代博物馆

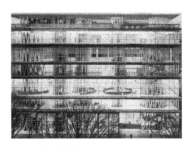

图 7　仙台媒体中心

萨伏伊别墅位于巴黎西北的普瓦西。基地位于一个平缓的山丘上，四面为开阔草地，外围树林环绕。勒·柯布西耶于 1929 年开始设计，建筑于 1931 年建成。萨伏伊别墅是一个纯净主义的作品，现代建筑的里程碑。

1 理想的新建筑模型

——萨伏伊别墅

自帕拉第奥以来，没有哪位建筑师拥有如勒·柯布西耶一样持久的影响力。正像爱因斯坦和毕加索一样，勒·柯布西耶在本行业内部造成了巨大的冲击……勒·柯布西耶不仅仅是现代建筑的设计师，也是现代生活的设计师。[1]

——亚历山大·佐尼斯

勒·柯布西耶的确是一位谜一样的人物，他设计的作品具有持久的生命力，即使在当代语境下，建筑创作想脱离柯布西耶所创建的体系恐怕也是一件很难的事情。柯布以敏锐的时代洞察力、广泛的阅历与艺术家的天赋对传统建筑系统进行逆向操作，并以对抗、翻转、反驳、替换等方式进行建筑的现代转译，从而创造了一系列现代建筑空间操作与形式生成的原型。

　　对传统建筑深度的研究与解读、广泛的考察与采集，对新材料、新技术的迷恋和对现代绘画艺术的执着与实践造就了柯布西耶特有的设计才华。他一生中以不断地创新与自我批判精神使其作品一直处于时代的浪尖上，恰似现代建筑发展的风向标。研究柯布西耶的作品，理解和掌握其概念形成、空间操作与形式生成规律将会为立志于从事建筑的学子奠定坚实的基础。

概念生成

　　柯布西耶所提倡的新建筑五项原则曾经广泛流传，并直接促成了国际主义建筑风格的形成。阅读柯布西耶的作品应该将之放在一个更加系统的语境中品味。建筑评论家艾伦·科洪（Alan Colquhoun）对此进行了精辟的分析，他认为，柯布西耶的每项原则均从已存在的实践出发进行逆向操作：底层架空柱是古典墩座墙的翻转；带形窗是古典窗户的反向作法；屋顶花园是对坡屋顶的对抗；自由立面是由自由组合的表面替代窗户开口的规则布局；自由平面是对垂直连续结构墙的基本原则的反驳。[2] 这种基于古典建筑构成要素的理解和掌握、并进行反思与逆向操作的方式，以及现代材料与结构技术的运用是概念生成的基础，造就了萨伏伊别墅的经典地位（图 1）。同样，该建筑的核心元素，向上漫步的坡道则源于柯布西耶对古希腊雅典卫城路径的转译；屋顶平台上的琵琶形弧墙也与立体画派的图式不无关系；从立面形式来看，也可以发现其与帕提农神庙中的柱子与三陇板存在某种关联；此外，旋转楼梯与坡道栏杆则与柯布西耶一直崇尚的现代船舶意向联系在一起。柯布西耶一直在探求适合他那个时代的新建筑模式，在求新的思索中借助于古典建筑的逆向操作以及现代先进的材料与结构技术的把握，并充分运用立体画派的艺术形式进行建筑形式的转译。总之，柯布西耶试图借古通今，运用现代文明的技术成果与艺术成就构建新建筑模型，并以艺术家的直觉和亲身的游学阅历与体验将多重意向巧妙地集合到萨伏伊别墅的概念生成中。在某种意义上，萨伏伊别墅的概念模型是建筑发展史的重要转折点，柯布西耶构建了一个新的自由空间操作系统，该系统不再受制于传统的承重墙结构体系而可以自由发挥与拓展。

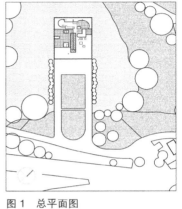

图 1　总平面图

平面解读与空间操作

　　底层平面呈现了周边柱廊中间完形的特征，底层南部左右切角处理强调了该建筑的南 – 北纵向轴线（图 2）；二层平面则显示了柯布西耶在有意消解中轴线的主导地位从而使空间体验东移并形成以

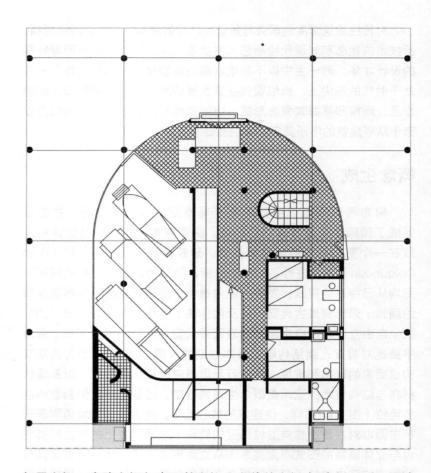

图2 一层轴线图解

起居空间、庭院空间与半开敞空间为主体的空间序列（图3）。设计的奇妙之处在于将三种不同的空间巧妙地整合并形成整体性感知：北侧起居厅保持了完整的长方形，但在庭院北侧界面通过透明的玻璃使之在视觉感知上与起居厅融于一体。而露天的庭院空间进行了精确的几何划分，几乎占有四个柱跨，东侧为通向屋顶花园的坡道，引导空间向上流动；北侧虽然被玻璃墙界定但视觉却可穿越；西侧通过水平窗洞与环境对话；而南侧虽有屋顶界定，但无视线阻隔。如此组织使得庭院空间在与苍穹对话的同时融入建筑内部空间，南部一跨柱距的半开敞空间则成为点睛之笔，作为过渡空间的同时，亦能使主人在起居厅感知空间的层次丰富性。

柯布西耶以传统的轴线为设计起点，又刻意消解文艺复兴式的一点透视，构建了动态的空间意向，运用类似于"之"字形的划分使空间自动生成了斜线对角关系，使人在其中能以水平性、对角线的视角欣赏空间的律动。在二层主体平面中，空间以两个相等的L形咬合而成，位于东南部的功能性空间与西北部的主体观赏性空间彼此交错，并以一层至三层坡道的楔入消解了中心性，形成彼此间的模糊界面。

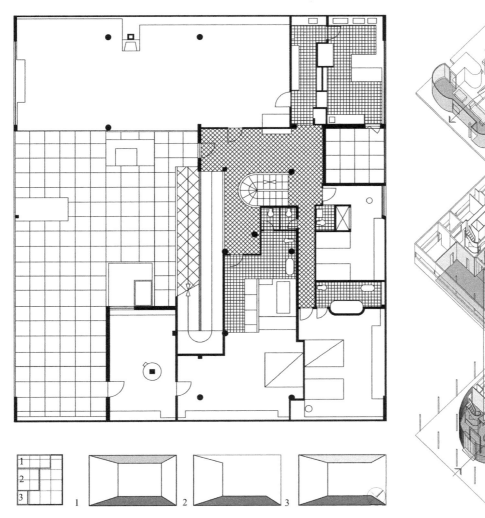

图3　二层平面与空间序列图解

图4　空间方向的旋转上升

在屋顶平面的阅读中，能明显发现几何中心向北偏移。在西北部 1/4 跨交界处形成明显的划界，从而使原有方形的几何中心在顶层向北向移动。交汇处产生了聚集效应，北部的自由曲线墙体界定了人的活动范围。对景墙的洞口处理方式使空间溢向外部，该窗洞的设计同时与一层入口对应，至此完成了始点—终点的循环路径。

假设用水来置换空间，将水从三层洞口灌入，水流则在三层弧形空间徘徊之后沿着坡道流向二层西南部的庭院与一层内部东北区域的入口处，然后渗透到底层的外部环境中（图4）。反向亦可推论，柯布西耶采用了一个类似于机器的复杂装置对从场地到门厅的空间进行组织，通过坡道向二层、三层延伸，最后再度指向环境。借助于几何空间属性进行巧妙地组织，坡道是空间向上流动的关键元素。人从底层漫步到屋顶花园的过程中，空间被刻意地改变，时左时右，

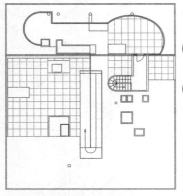

图 5　三层平面分析图

层层递进。在这里环境、路径、空间构成了设计构思的主旋律。

尽管从总图布局看，萨伏伊别墅有着类似于帕拉第奥圆厅别墅（Villa Rotonda）的场地性质，有充足的外部空间供人欣赏建筑的各个立面，然而仔细阅读可以看出该建筑的正面性得到了充分的强调（图 5）。底层半圆形的几何处理从功能上可以说成是汽车行驶的流线，半圆与长轴的处理方式也强调了入口的中心地位。而二层、三层依靠北部 1/4 几何空间的界定以及顶层的曲线处理无疑使建筑的正面性得以强化，二层、三层平面的南部 3/4 跨的平面处理，尤其是旋转楼梯右上侧的方形透空小庭院为点睛之笔，加深了空间划分的痕迹并衬托出北向正面性的主题。

体验序列

如果将萨伏伊别墅的流线组织与古希腊雅典卫城的庆典路径相比较（图 6），可看出从进入场地入口的路径设计与雅典卫城相类似。正如柯布西耶所言："观察者只有在运动的时候才能看到建筑布置在逐步展开。"[3] 在雅典卫城中朝拜者从西北方广场出发，穿过城市广场，向南经卫城西侧，绕过西南角开始登山。沿胜利神庙基墙转弯，抬头可见陡坡之上的山门，游行路径的高潮由此拉开。攀登层层台阶进入山门，面向雅典娜像，其右前方为帕提农神庙，再向左偏转为伊瑞克提翁神庙，祭祀队伍经帕提农神庙北侧来到东端正门前举

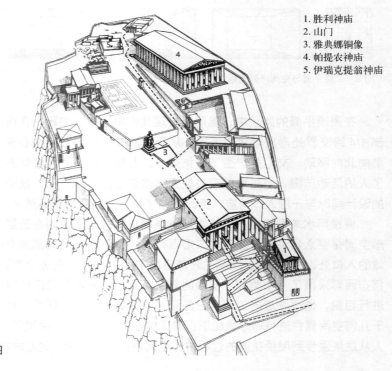

1. 胜利神庙
2. 山门
3. 雅典娜铜像
4. 帕提农神庙
5. 伊瑞克提翁神庙

图 6　雅典卫城与萨伏伊流线比较分析图

行盛大的典礼。建筑群依据动态观赏线路布局，人们在行走路径中观赏不同场景，获得神圣庄严的体验。[4]

　　萨伏伊的流线设计从雅典卫城中吸取灵感，进入场地步行在树丛中的石材地面上，快到尽头时第一印象是一个悬浮的水平箱体被开阔的草坪与周边的树林包围着。在这里观者感受到的是外部空间与建筑体量的穿插与咬合，呈现出漂浮的建筑与大地、天空若即若离的场景。步入到柱廊下方，外部景观开始收缩，半圆形的玻璃界面与T形圆柱将人自然地引向面北侧的入口。由此拉开建筑体验的序曲，独立的方柱，具有雕塑感的旋转楼梯、垂直划分的弧形玻璃将外部的景观引入视野，一层门厅内部的布局与室外简洁明快的体量形成了对比。沿着坡道上移，二层的室外庭院空间逐渐展开，这是一个精心布置的场景，既有围合之感又有各向渗透之势。一至二层的坡道是内置的，而二层到顶层的坡道是外设的，继续沿坡道向上，在顶层三层局部平台上，可以通过窗洞远眺田野与河谷（现已被建筑遮挡），回首可以俯瞰二层的室外庭院。

　　柯布西耶通过不同的空间形式与环境相映成趣让人感知时间的流逝，而坡道是构建时间维度的重要元素。坡道将不同尺度的空间连接起来，体验与卫城登山路径有异曲同工之妙。与楼梯不同，在坡道上行走时不必低头来看自己的脚步，在上升的过程中，身体与思维连续地追随着由顶层射下来的光线使人产生愉悦的空间体验。建筑形式随着观者的移动而变换，虚实交替，时而近观，时而远眺。

　　与雅典卫城不同的是前者的流线组织在建筑外部，而萨伏伊别墅将复杂的空间流线隐藏在简洁的方盒子中。雅典卫城的空间组织只适用于其特定的地形，而萨伏伊别墅以坡道组织空间的方式则有广泛的适应性。柯布西耶运用高度抽象提炼的方式将雅典卫城的路径进行了转译，并使之成为空间氛围营造的核心要素。这是真正建筑意义的漫步廊道，因为它使人感到出乎意料，不时产生别有洞天的意趣。从结构角度来看，尽管使用的是梁柱系统，但在这里可以看到很多的变化。当人进入别墅时，似乎进入了一种超乎平面图形之外的神奇境界。场地路径的设计与建筑内坡道的介入，柯布西耶强化了建筑的第四维度，即时间维度，建筑的意象在漫步过程中渐渐呈现。

　　雅典卫城中通过对宗教仪式流线的设计，完成了对和平使者——雅典娜的顶礼膜拜。而在萨伏伊别墅中，柯布西耶则通过坡道的置入，构建其心中的新建筑之梦。

古典渊源

　　如果将萨伏伊别墅的几何象征性、古典韵味与文艺复兴时期的

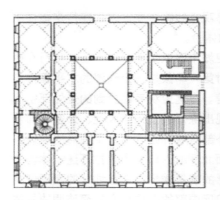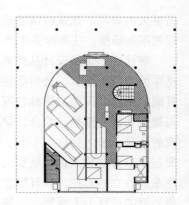

7 | 8

图 7　美第奇府邸首层平面
图 8　首层平面

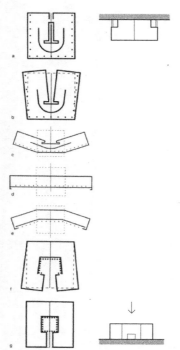

图 9　格莱夫用"图解法"分析萨伏伊

府邸相比较，以美第奇府邸（Palazzo Medici）为例（图 7、图 8），可以看出萨伏伊别墅同美第奇府邸一样几乎都是正方形平面，而它的 U 形底层及位于中轴线上的坡道可以视为对美第奇府邸的中心性和双轴线的隐喻。二者的不同之处在于美第奇府邸是一个内敛的建筑，它坚持自身的内在中心性；而萨伏伊别墅则是一个开放体系，它在整个基地中创立了一个中心，整个天空仿佛都围绕着它在运动。美国学者道格拉斯·格拉夫（Douglas Graf）运用图解法分析萨伏伊别墅：将别墅平面从入口处劈开，以坡道中线为界将平面分成两个部分；将每个部分都向各自的方向推，将 U 形平面扳回原状。如此一来萨伏伊别墅就从一个现代的别墅还原成传统的府邸[5]（图 9），形成了一个内院建筑，内部为柱廊环抱的中厅，中间入口。这种传统建筑沿着中轴线的一系列空间变化在萨伏伊的总体布局中被保留了下来。中庭的凝聚力扩散到外部壮美的田野中。而二层平面，建筑与环境的关系同样可以看作是传统府邸的花园与建筑在空间上的内外翻转，从而产生花园与建筑紧密的咬合关系。

　　萨伏伊别墅的概念模型阐述了对传统府邸的隐喻：坚实的基座——U 形底部；居住部分是古典三段式的中段；顶部是表情最丰富、可以阅读到信息最多的一段。虽然古典的三段式仍然存在，而且保持了经典的比例，但每个构成元素都具有与其自身性格和时代特征相符合的简洁与高效。

　　重读萨伏伊别墅，细细品味柯布西耶对古典理想形式的痴迷，对工业时代的热情；分析其中的中心与边缘、围合与通透，水平箱体空间带来的自由，弧形空间赋予的悠闲；这一切都在"新建筑五项原则"的框架下进行了有机的生成。既有几何的清晰性又有体验的复杂性，并以网格、轴线、坡道、庭院等一系列元素进行组织，构建了从古典建筑向现代建筑的转型，并确立了开放空间体系。

　　萨伏伊别墅不仅表现了其形式上的炉火纯青，其内部空间则具有更深层次的内涵，建筑的张力产生于对乌托邦梦想的刻意表达。新时代的符号如轮船和混凝土框架，融入到纯净的形式中。这些均表达了柯布西耶对城市的构想：人和车在不同的层面上，平台向天空敞开，坡道引导运动。他用现代精神去转译传统模式，并力求避免设计的任意性。可以看出柯布西耶在时代性与那些他曾经亲身经历过的经典形式之间寻找内在的逻辑与秩序，并企图构建理想的现代建筑模型。

结语

柯布西耶总是试图找寻宇宙的永恒规律，以几何学作为工具发掘自然界的潜藏秩序。他在很多经典的古典建筑照片上添加控制线，证明不朽的作品必有其内在规律可循。对柯布西耶而言，几何图形可以诠释终极的理想秩序。而在具体操作中，柯布西耶新的操作方法，建立了两种不同秩序的有效对比：首先是将立方体视为原型，借助于几何的力量、完美的比例，运用隐含的控制线界定空间领域，并在其中进行有效的空间操作；其次是非理性要素的介入，以直觉的艺术形式，发挥其内在的感知力量进行遴选与决策。以理性的思维框架为主导，将自己对世界的感知纳入框架之中并进行抽象提炼与概念生成，空间与形式操作，从而构建了新的建筑范式。

注　释：

1. 参见：[荷]亚历山大·佐尼斯著.勒·柯布西耶：机器与隐喻的诗学[M].金秋野，王又佳译.北京：中国建筑工业出版社，2004.
2. 参见：[英]艾伦·科洪著.建筑评论——现代建筑与历史嬗变[M].刘托译.北京：知识产权出版社，2005：34.
3. 1940年代吉迪翁将萨伏伊作为"时间—空间"概念的典范，指出其丰富的空间效果与转变视点的关系。
4. 参见：陈志华.外国建筑史（19世纪末叶以前）[M].北京：中国建筑出版社，2010：48-57.
5. The Journal of the Yale School of Architecture Paradigms of Architecture. New York：RIZZOLI，1986：42-71.

约翰·海杜克建筑研究始于住宅设计。自1963至1979年，海杜克通过钻石系列住宅，1/2、3/4宅，墙宅系列，风车系列住宅研究将设计与绘画、数学、诗歌联系在一起，其设计作品高度抽象并富有诗意。墙宅于2001年在荷兰的格罗宁根市面湖的一片空地上建成，成为海杜克为数不多的建成作品之一。

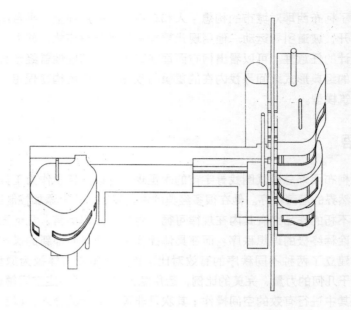

2 原形的求索

——约翰·海杜克系列住宅

"在德克萨斯某个季节的黄昏，树干闪烁着磷光……发放出一种灰暗耀眼的光。仔细观察，你会发现树干已完全被某种原生命的弃壳所覆盖。令人惊讶的是，这些壳是那么的完好无缺，其形式与生命体栖居其间时的形态完全一样。所不同的是，原有的生命已弃居而走，留下的是我们现在所见的外部形式，一副空壳，看起来似乎是一种X射线，并隐隐发光。突然从浓密的树丛中传出某种生命体的群音，可以断定那正是从弃壳中走出来的生命体，在以它特有的新的无形之形传播信息。这是一种奇特的现象，我们可以看到生命体遗留在树上的空壳，一种被生命所放弃的形式。而当我们正在寻找这些幽灵时，我们却听到了隐藏在树丛深处的生命以其新的形式发出的声音。闻其声却不见其形，从某种意义上讲，我们所听到的是一种灵魂之音。"[1]

——约翰·海杜克

　　在建筑历史的发展脉络中，约翰·海杜克上承柯布西耶等早期现代主义建筑大师，下启丹尼尔·里伯斯金（Daniel Libeskind）等当代著名建筑师。作为"纽约五"建筑师之一，海杜克保持着特有的神秘性，在接触建筑实践的过程中意识到现实作品的局限性，转而投身于建筑研究与教育，并对建筑教育界产生深远影响。海杜克早期任教于德克萨斯大学，与柯林·罗等人一同组成著名的"德克萨斯骑警"，后期任职于库珀联盟。在任职期间，库珀联盟在国际建筑界享有盛誉，并培养了一大批优秀学生。为激励学生终生追求建筑，海杜克曾写下一段精彩的比喻："故事开始于一个冬天的早晨，一个名叫保罗的小男孩刚从睡梦中醒来，他走到卧室的窗边凝视着窗外。天刚刚拂晓，雪花开始飘落。保罗搬过一把木椅，把它放在窗前。他坐在椅上观赏雪景，雪越下越大。他一整天地注视着窗外漫天的飞雪渐渐充满了整个世界。雪不停地下着，悄然无声。保罗也一直在静静地观看。在故事的结尾，大雪融入了整个世界，也融入了保罗的头脑、意识和灵魂。起初还是轻轻的、柔柔的，但是很快，它完全地闯入了保罗。故事就在他整个身心与大雪交融时结束了。"[2]

　　海杜克建筑研究始于住宅设计。系列住宅沿着各自主题展开，逐渐衍生出相应的设计原形：德克萨斯系列住宅对应"九宫格"原形；钻石系列住宅对应"菱形"原形；墙宅系列着重探讨墙与形体关系的原形；风车系列住宅则反映其对风车原形的思考。在系列住宅的原形研究中，海杜克重点研究建筑的生成逻辑与空间内涵。将其与绘画、数学、诗歌交织于一起，不断拓展原形研究的深度与广度，主要体现为：首先，将立体主义绘画的相关理论与方法运用到建筑空间操作中，"浅空间"的探索贯穿其中；其次，基于数学逻辑的形式推演使建筑构成要素之间具有严谨对位关系，赋予简洁形体组织以诗性表达；第三，将诗歌中的形式结构、情感表达与建筑设计相关联，探索建筑深层内涵。海杜克通过对系列住宅的研究，构建了一系列形式、空间操作原形，反映其对建筑的独到见解并逐渐形成海氏特有的设计语汇与方法。

钻石住宅

　　钻石系列住宅是海杜克将建筑与绘画进行关联研究的成果。受蒙德里安的绘画启发，海杜克将建筑边界进行旋转，住宅内部正交墙体与边界成 45° 夹角，使墙体呈现突破边界向外延伸态势，内部稳定的形式秩序与边界不稳定性的共存，赋予其空间张力（图1、图2）。

　　以钻石住宅 A 为例（以下简称"钻石住宅"），建筑首层由正交网格中的 13 根圆柱组成结构体系，元素简单且互相分离，外侧为

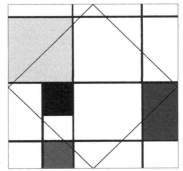

图1　蒙德里安绘画分析

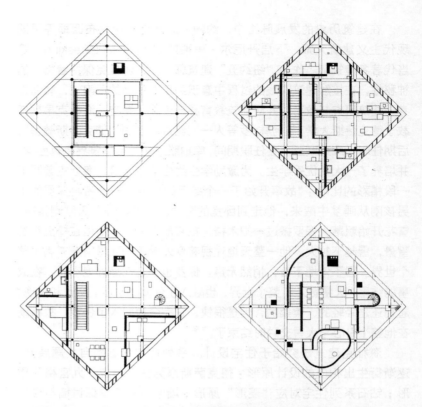

图 2　钻石住宅 A 平面图

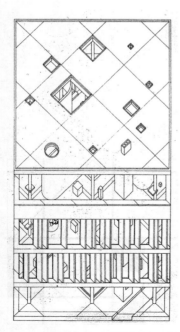

图 3　砖石住宅 A 等角轴测图

菱形台基，内侧由位于柱列后的落地玻璃构成方形室内边界。平行于内边界的入口道路、室内楼梯及正对入口的壁炉等强化了建筑内、外空间方向上的扭转；在建筑二、三层，正交墙体与圆柱分离，墙体之间彼此断开，以"密斯式"的句法划分出较稳定的中心区域与动态的边界区域。正交墙体与菱形边界以 45° 角相交，纵向墙体与边界相切，横向墙体则以方形端头与边界脱开，协同四面边界格栅的纵向分布，强化了空间的方向性与领域的延伸性。同时格栅的疏密变化暗示了内部空间的公共性差异；建筑顶层为半室外空间，由曲面墙体构成三处面向建筑中心开敞的半围合区域，形成对私密空间的进一步划分。遵循常规逻辑，方案应有四组曲墙围绕中心圆柱呈风车状布局。海杜克将左侧曲墙去除使得现存三组曲墙的构图中心向右下角开敞空间偏移，并通过屋顶矩形天窗对其进一步限定；屋顶次级天窗环绕主天窗呈分散式布局，对应不同层级的空间中心（图 3）。

钻石系列住宅是海杜克多年研究柯布西耶设计作品的一个阶段性成果，一方面，设计延续柯布对于"立方体"问题的研究。如钻石住宅与萨伏伊别墅的布局模式具有相似性：底层架空，中间为核心空间，顶层为屋顶花园；另一方面，设计研究同时体现海杜克努力去柯布化（Anti-corbusier）的过程[3]。较之柯布对立方体进行切割、抽拉进行空间塑造，海杜克则通过旋转、投射对立方体进行动态构成，同时结合增补与删减以实现空间的去中心化。

　　海杜克通过钻石系列住宅研究构建了区别于传统透视法的空间组织方式，将三维空间压缩于二维图形之中，并形成二者的相互转化。如当钻石住宅以等角轴测图呈现时，平面与立面得以在同一画面中展现；菱形角部空间的感知较之矩形空间，其更加趋于扁平化（图4）。这种使实际三维空间在人以平行视点观察时呈现其二维性的"浅空间"，模糊人们对空间逻辑的判断；进而引发人们对隐藏其后空间探索的欲望。按照柯林·罗的阐释，"浅空间"可作为建筑现象透明性的操作手段，而海杜克通过对建筑空间、元素的戏剧性组织，强调了建筑"画面"式（Picture Plane）存在[4]。此种操作亦应用于之后的系列住宅空间序列的组织中。

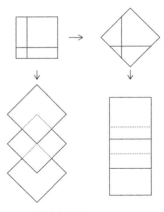

图4　浅空间图解

1/2、3/4 宅

　　1/2、3/4宅是海杜克对基本几何原型的设计研究，通过建筑与数学逻辑的互动，使原本相对分离的要素（如圆形、方形）产生关联性；同时借助于一整套严谨的操作程序使建筑要素如机械零件般严丝合缝地组织在一起。

　　在1/2宅中，海杜克将直径、边长相等的圆柱体、立方体沿中线与对角线切开，形成对应的1/2几何形体。三个形体组合初始可还原为两个相同正方形，在形体演变过程中，结合实际功能，几何形体由对接转变为分离（图5）。在具有张力的位置，海杜克引入条形廊道及楼梯元素将分散的体量锚固于一起。进一步解析建筑平面，整体建筑被整合于一个理想的正方形中。以方形单元南侧边线中点为圆心，以对角线为半径做圆弧，产生的黄金比矩形可作为三个形体间距的控制线；对方形与菱形进行整体还原，延长线可确定楼梯与廊道的起始位置；再以方形南侧边线中点至菱形边界垂直距离为边长作正方形，形成对底层廊道围墙边界的界定（图6）。建筑结构体系清晰，除一侧为虚体界面，剩余界面均为实体墙面。前者中部结构柱对应各自形体的完形，内部壁炉则以形体的3/4模式设置，与主体单元一同暗示建筑的演变过程。

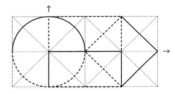

图5　形体初始组合图解

　　深入研读1/2宅，其形体设置引发一个疑问，半圆与菱形均将墙体外置、玻璃虚体内置以产生空间的向心性，而方形部分恰好相反。海杜克的构思草图也印证其在设计初始阶段将方体的墙体朝外，以实现单元间内向聚集，并使圆柱体与立方体形成形体及空间上的咬合（图7）。但最终海杜克将方体180°翻转，这同样涉及海杜克对于"浅空间"的思考。如以该视角解释1/2宅的空间操作，研究假定该项目已建成，从建筑正面A点观看，由于半径与边长相等，半圆柱体与立方体被捏合成一个整体，1/2旋转的立方体与二者脱

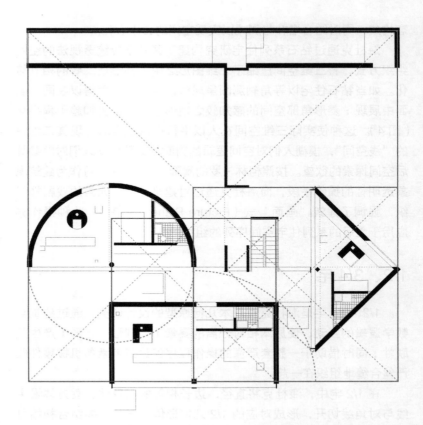

图6 1/2宅平面图解

离（图8）；沿 Y 轴路径行进，人们自远而近行进过程中发现方与圆两个形体逐渐脱开，同时在 B 点处可感受到横向交通空间的指引；继续前行，原本矩形界面被弧形取代，对外部空间产生相应的影响（图9）。

"浅空间"使人们对空间产生"误读"。建筑外观以二维画面呈现，伴随漫步过程不断发现与猜想相悖的空间序列，空间呈现出人意料的丰富性。如果将 1/2 立方体实墙面朝外，则空间组织中缺少如同立体派绘画般"模糊而清晰"的空间体验。而沿 X 轴路径，人们行进过程中同样不断感知到纵向空间的层次变化。

3/4 宅在 1/2 宅的形体组织基础上，1/2 宅中的半圆柱体被移至另一端并转变为 3/4 圆柱体，原先位置被一个异形取代，海杜克通过在中心线另一侧设置"钢琴"线形成反向对称以平衡整体构图关系。与 1/2 宅单元之间通过几何对位进行锚固不同，3/4 宅中圆柱体、两个立方体经移除 1/4 后呈 L 形构图，单元之间、单元与廊道之间形成密斯式的咬合关系，并通过墙体的设定强化元素之间的稳定性组合（图10）。海杜克通过拉伸墙体而营造空间上的水平张力。细长廊道似乎可无限延长，两端为建筑主体空间。经入口弧形空间的短暂停留，迅速转向狭长的水平空间。"画面"式的"浅空间"表现取决于理想的观测距离，而当人们置身于廊道内，无论是

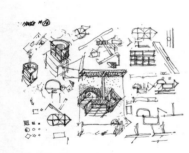

图7 海杜克 1/2 宅草图

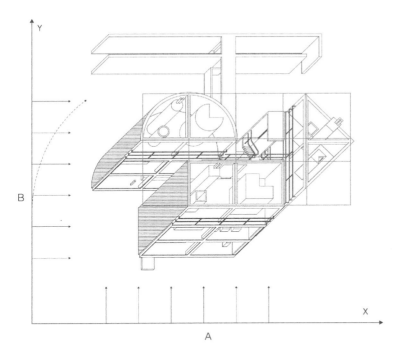

图 8 1/2 宅浅空间分析

图 9 A 点模型照片

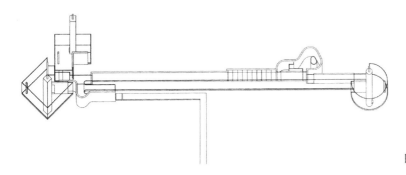

图 10 3/4 宅轴测图

在入口一侧三个体量形成的空间组合，或是另一侧相对分离的"钢琴"线与 3/4 圆形空间,在对面廊道的尽端处观看均衰减为二维画面,人们由中点向两端行进过程中可体验到不同的空间序列。

墙宅

"墙宅"系列是海杜克住宅研究的重要阶段。在对绘画持续性研究的基础上，海杜克结合墙宅设计探索建筑与诗歌相关联的可能性，而"墙宅2号"（以下简称"墙宅"）亦是海杜克为数不多的建成作品。

在形式处理上，一面3层高的墙体构成建筑视觉与结构的核心，其他部分由基本的几何形体组成。巨墙将建筑划分为两部分：一侧形态相对活跃。自下而上分别由倒角立方体、两个自由形体组成，与水平地面形成一定张力，并构建建筑的核心空间；另一侧形态则相对规整。底层架空的条形廊道、封闭的圆柱楼梯以及立方体服务间，只有呈露珠形态的书房与另一侧形体相呼应。在空间组织上，入口位于长廊尽端，人们拾级而上便进入与3/4宅相似的狭长通道，两侧为实墙，空间较前者更加封闭，只有一侧设有深度包裹的高窗；如瓶颈般的短通道将人们引向书房，透过条形长窗看到廊道与巨墙，空间似乎游离于墙宅之外；建筑空间各自独立，体现元素之间的空间变化，同时巨墙将独立空间联系于一起，赋予空间序列性。形体与墙体之间的缝隙强化人们在穿越过程中对墙体的感知（图11）。

简洁而直接的构成元素似乎没有任何歧义，其中却隐含着与柯布西耶设计作品的关联性。如果将墙宅平面与萨伏伊屋顶平面相对比，二者形式、空间构成具有相似性：一端设置相对自由的空间，另一端则布置坡道、楼梯等交通辅助空间。不同之处在于柯布通过挖空处理，以一道隐性的分割突出建筑的正面性，而海杜克则以实体巨墙将其显现与强化（图12）。而如果将墙宅与拉图雷特修道院并置比较，墙宅中的每个元素及之间的连接关系似乎均源自后者。常被人所忽视的修道院屋顶天桥连接处，自主体建筑一侧观看：平衡高差的踏步、立方体入口门房与设备间、圆柱体旋转楼梯以及天桥另一端与主教堂相接的巨大实墙，墙宅构成方式几乎是其再现（图13）。

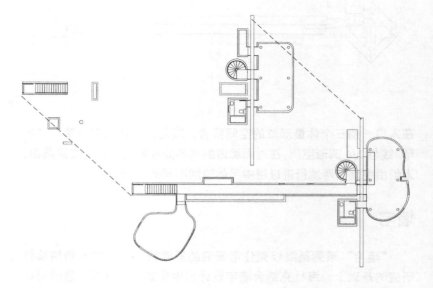

图11　墙宅一、二层平面

海杜克并非仅仅将柯布西耶的设计语汇进行转译、重组，在对柯布作品持续性研究的基础上，结合墙宅设计探索建筑与诗歌的关联性。受诗歌中诗句之间关联性间隔的启示，海杜克在设计中追寻元素的分离，表现为不透明性。这种不透明性如同柯林·罗笔下的现象透明性指代空间属性，一则表现为空间视线上的隔绝，即人们身处墙体一侧而无法知晓墙体另一侧的状况；其次是空间关系的隔离，各个空间之间缺乏联系[5]。墙体构成了这首建筑之诗的主线，在对其穿越的过程中将"不透明"的空间串联于一起。建筑与诗歌可以是形似，即简洁的构成元素通过严谨的逻辑对位赋予其精确性与多重关联属性。而海杜克在墙宅设计中追求建筑与诗歌的神似。诗歌将人们拉入其所述的场景空间，使人的思绪与之共鸣；墙宅则体现对人的行为的控制，如登楼梯与穿越墙的过程。空间之间的隔离常把人们"束缚"其中，无法形成如透明性般的多重选择。如同前文提及的"保罗的故事"，在孤立的空间中人们渐渐产生相应的情感。

图 12　墙宅与萨伏伊宅屋顶平面对比

图 13　拉图雷特修道远屋顶天桥的形式构成

风车宅

20 世纪 70 年代末期，风车原形是海杜克设计研究的重点。西方现代建筑风车形平面构成源于赖特对十字形空间的解体。赖特早期作品的平面大都具有一种特征，即各主要功能空间设置在四个矩形内，并围绕中央壁炉旋转布局，形成风车型平面；密斯受风格派启示，将建筑墙体作为线，沿着一个或多个点进行风车型错动，形成整体空间上的流动⋯⋯与其他建筑师不同，海杜克将风车作为原型进行研究，着重探讨风车原形中构成元素的组合逻辑。

以东南西北宅（North East South West House，以下简称"风车宅"）为例，建筑几乎所有构成要素均呈风车型构图，并以整体中心为基点呈向心性扩散（图 14）。将风车宅拆解为四个相同单元，每个单元主要由圆柱体、架空的立方体以及线性墙体构成，每个单元中的墙体一端搭在另一个单元的墙体上。从力学角度看，这三个图形组合如同一个受力平衡的杠杆，圆柱体呈现一种向下的力，而立方体则呈现向上的力，通过施力点与到节点的距离实现动态平衡。

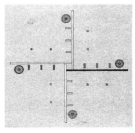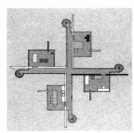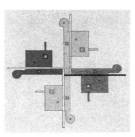

图 14　风车宅平面

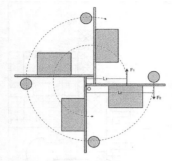

图 15　力学角度动态平衡

如将三个形体进行归类拆解，去掉立方体块，整个平面呈现逆时针的转动趋势；反之，去掉圆柱体，整个平面则形成顺时针旋转，两个体系的整合形成了不具有偏向性的动态平衡，共同构成稳定性的平面系统（图 15）。

将风车宅与海杜克之前的德克萨斯宅、钻石宅、途梦宅（Todre House）进行比较性分析，可见其设计之间的内在联系，也体现了海杜克设计研究的连续性。德克萨斯宅是海杜克对九宫格的研究，通过类似圆厅别墅的处理强化建筑的十字形构成；对十字构成进一步向内挤压，原有九宫格趋于四象限式的空间划分，并逐渐形成近似菱形的动态构成。将十字形端部以圆形楼梯予以置换，结合偏心连接形成途梦宅雏形；对途梦宅构成要素向四个方向进行拉伸，九宫格形成的正方形边缘逐渐弱化，并转变为内置的方形，进而演变为风车宅构成模式（图 16）。

从数学角度解析风车宅形式生成过程，正方形平面隐含 1×1 的网格系统。如以正方形中心点绘制斐波那契数列螺旋线，便可确定正方形边界；四片墙将平面分割为四个象限，以一个象限正方形中心继续作斐波那契数列螺旋线，则可确定不同方向的圆形旋转楼梯、三根矩形柱子及两根方形柱子的边界，继续以中线及等距划分

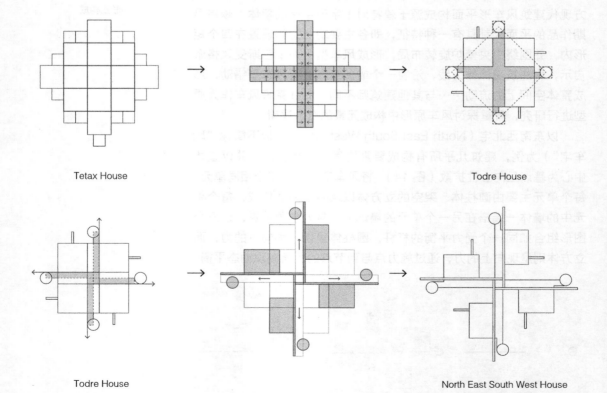

Tetax House

Todre House

Todre House

North East South West House

图 16　风车宅形式演变图解

确定各元素的具体位置；二层平面则在一层平面基础上，通过理想
方形确定相应体量尺寸与位置（图 17）。风车宅反映海杜克对理想
原型的思考，通过理性逻辑与黄金分割比对构成元素进行定位，体
现建筑内部元素组织诗学般的几何逻辑。

结语

　　海杜克对原形的关注根本在于对设计创新性的诉求，在某种程
度上体现对建筑缘起及发展趋势的追问，其建筑作品中简练的元素
构成背后含有对空间操作、形式生成逻辑的深入思考。透过海杜克
的设计作品，其如同诗歌般的精炼语言震撼人们的心灵并给予人们
以深远启示。正如他的学生，著名建筑师里伯斯金所述，伟大的建筑，
如同伟大的文学作品、诗歌与音乐，能够诉说人们灵魂深处的故事[6]。

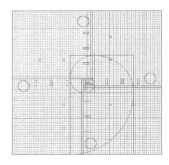
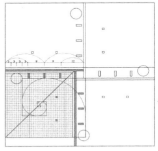
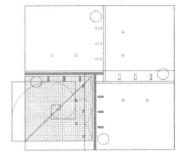
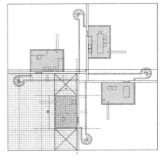

图 17　风车宅几何构成逻辑

注　释：

1. 参见：孔宇航，邹强 . 不同的追求——对两名美国建筑师不同的比较 [J]. 大
   连理工大学学报（社会科学版），1999（12）：42-45.
2. 同 1.
3. 海杜克在访谈中谈及他"去柯布化"的过程。参见：John Hejduk. Mask of
   Medusa[M]. New York：Rizzoli，1985：35.
4. Kenneth Frampton 在日本 a+u 杂志 1975（05）期发表 "John Hejduk and
   Cult Humanism" 文章，以"浅空间"（shallow space）理论、"画面式"（picture
   plane）表达对海杜克 1/2、3/4 宅，墙宅等设计进行解析。
5. 参见：贺玮玲 . 弦外之音：海杜克的诗学建构与空间建构 [J]. 时代建筑，
   2008（01）：28-35.
6. 参见：[美] 丹尼尔·李布斯金著 . 破土：生活与建筑的冒险 [M]. 吴家恒 译 .
   北京：清华大学出版社，2008.

德梅尼尔住宅位于纽约长岛区,基地位于沙丘之上,呈窄长矩形。东部和西部均为茂密的树林,南部为缓缓的沙丘通向大海,基地面积 3hm²。住宅设计于 1979 年,由一组建筑构成,除主体建筑外,其辅助设施包括一套客房、一间车库和一栋门房,该建筑是查尔斯·格瓦斯梅的经典之作。

3 层化的空间

——德梅尼尔住宅

德梅尼尔住宅(De Menil House)是查尔斯·格瓦斯梅的杰出作品,体现了格瓦斯梅对勒·柯布西耶多米诺型住宅空间构成体系的深化运用,他继承了柯布西耶运用立体主义碎裂、解析、重组的形式生成方法进行建筑空间转译的能力。

平面解读

1)平面组织

德梅尼尔住宅总平面按纵深方向进行有序组织,主线为窄长的林间路,从入口始,以主体建筑终。沿南北向布局,位于北端的门房和池塘之间设有一片墙体,中部断开形成入口。由北向南依次为池塘、树林、网球场、花园、花架和草坪，中南部布置警卫室、客房及运动场，最终到达南端的主体建筑（图1）。主体建筑采用矩形框架，在其中进行公共私密分区。建筑空间以箱体为基础进行形式操作，可以明显地看到柯布西耶早期的印记。空间体验类似柯布西耶设计的加歇别墅（Villa Stein-de Monzie），通过创造空间影像交叠形成多种空间阅读，提升观者的空间体验。

毫无疑问，格瓦斯梅对柯布西耶的建筑进行了深度的阅读并将其精致化。柯布西耶的形式语言应该是其设计的源泉，其平面组织的逻辑性与网格交织关系与德梅尼尔住宅的组织方式如出一辙。在加歇别墅的平面图中，其南北向空间层次一直通过剪力墙与柱网体系进行强化，一层横向切片用以表达空间由南向北的横向层化空间结构；二层平面形成三个空间层次，呈现了三种空间划分方式，包括南北向的表层空间、水平向与垂直向同时呈现的空间、试图构建空间对角关系的弧形墙、半圆隔断；三层平面图中纵向垂直性空间层状结构明显，而屋顶花园横向水平层状划分结构重新呈现（图2）。德梅尼尔住宅内部空间结构的纵横层化关系基本上遵循相似的组织方式（图3）。进一步分析，可以看出加歇别墅的花园露台虚体空间是德梅尼尔住宅三层通高花房的原型；室外台阶则是德梅尼尔住宅游泳池与主体建筑之间空间构成的原型；此外存在于设计中的一系列圆弧、曲线均可从柯布西耶的形式语言中找到线索。通过比较可以得出格瓦斯梅向加歇别墅学习的结论，而在形式方面更具当代性。

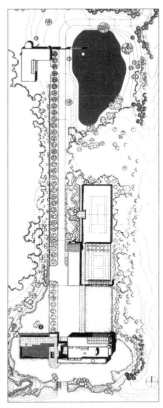

图1 总平面图

2）雪铁龙空间构成体系

柯布西耶在迦太基别墅（Villa Baizeau）的设计过程中构建了著名的雪铁龙型（Citrohan）剖面原型[1]（图4），尽管原初的动机是为遮阳与通风，却在空间创作层面产生了重要意义，建立了一个在垂直向流动的空间构成系统。格瓦斯梅运用了雪铁龙体系剖面原型进行内部空间操作并拓展到外部空间组织中。由剖面可见，在空间的纵向设计中所形成的空间流动性（图5），如入口空间、门厅和

图2 加歇别墅各层平面图（从左至右一至四层）

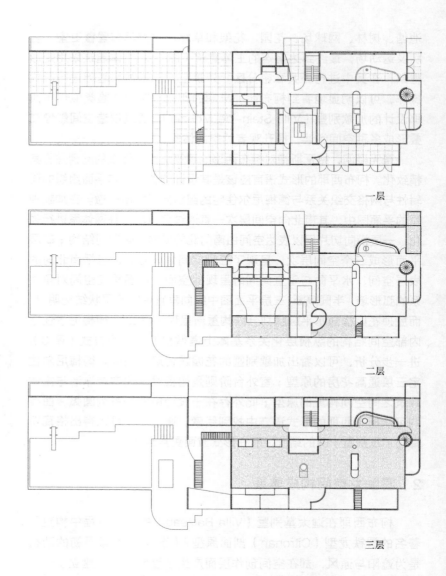

图 3 德梅尼尔平面图

一层

二层

三层

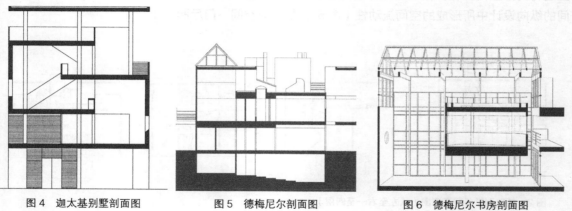

图 4 迦太基别墅剖面图   图 5 德梅尼尔剖面图   图 6 德梅尼尔书房剖面图

图 7　泳池方向实景
图 8　顶板的月亮形洞口

屋顶花园在空间上的流动，两层高的起居厅与三层通高的花房，悬浮在花房中的钢琴曲线书房与屋顶花园形成空间流动关系（图 6）。西侧的室外楼梯巧妙地将室外环境、游泳池与二层空间、顶层空间联系在一起。南部的四分之一体量与屋顶花园及顶板的圆形洞口将天空、大海、屋顶花园与人紧密衔接，丰富的视觉形式背后存在着空间构成的理性操作逻辑（图 7、图 8）。

空间与形式

1）空间层化

空间层化是对空间"深度"的探讨，各层空间在垂直和水平方向多次叠加，三维空间体验以二维视错觉再现，空间的不断变化超出了观者预期[2]。在矩形体量中，如何进行空间操作并使之产生极致的空间体验？格瓦斯梅给出了很好的答案，从其草图构思中可以看出层状空间设计方法的运用，在 X、Y 两个向度上进行了整体构思。从中既能阅读出从入口通向海边的纵向层化空间，又能感知到隐含的横向空间层次，运用不同向度的几何形体叠合构建了多层次的流动空间。在这里，别墅的功能性元素被弱化，更强调建筑与环境的对话以及营造度假别墅中悠闲的空间氛围。平面、剖面的层化处理不仅实现多样的空间体验，同时强调体验序列，使空间层次清晰并具有多义性。

空间构成建立在严谨的网格体系之上，由北向南进行纵向切割，分为 ABCD 四个条形空间（图 9）：A 层空间包括入口、三层通高玻璃虚体以及辅助空间；B 层空间为连接东西部的交通空间，两端分别以 L 形楼梯与旋转楼梯进行处理；C 层空间为核心公共空间，首层为书房、餐厅、会客厅、起居室，二层为客卧、主卧和起居厅上部空间，三层为屋顶花园；D 层空间为面向大海的观景空间。在一

图 9　垂直层状空间分析

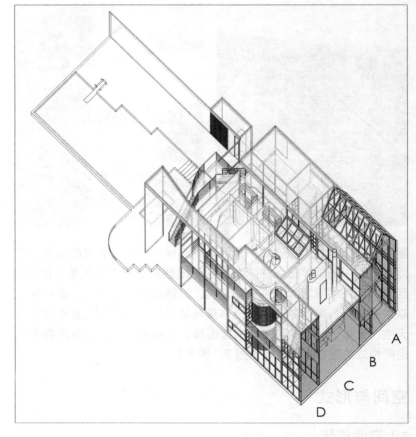

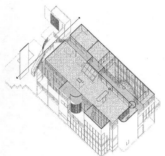

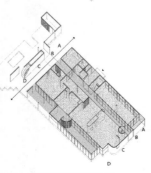

图 10　水平层状空间分析

层平面与三层平面中可以清晰地阅读出网格的横向划分线，纵向线被局部隐藏；然而在二层平面中，纵向划分线被突出，而横向空间在此层出现断裂，从而实现了空间在水平与垂直方向上的交叠与不确定性（图 10）。

空间组织同样反映出格瓦斯梅对立体派绘画以及柯布西耶早期住宅的沿承，钢琴曲线、螺旋楼梯与门厅处室外楼梯弧线，被巧妙组织在空间中。D 层空间的 1/4 圆弧体的介入使得原本纵横交错的空间体系增加了新的维度。如果以 B 层交通空间作为垂直画面，A 层空间便成为画面之外的浅空间，东侧的出挑阳台、花房空间中悬挑的钢琴曲线体块、运用减法切割的门厅空间与西侧空间角部的方形窗洞便成为画面之外并置的建筑元素，共同形成该建筑的正面性阅读。而在 B 层空间南部的 C 层与 D 层空间便成为画面之中的深空间。远处的海景沙滩亦以框景的方式被吸纳到空间框架中。

融合的水平与垂直网格，包含着间隔和嵌入其中的元素，引导观者感知空间深度，进而获取空间体验。格瓦斯梅试图表达立体主义绘画所致力表达的多视点下交错的时空关系——多空间同时出现并压缩空间深度。

图 11 多层次的外部空间

如果将视点转向大海方向，D 层空间作为景框被阅读，其错位一方面使西侧的空间框架成为人沿着南北轴线前移的视觉景框并作为庭院与大海之间的门槛；另一方面解放了东南部 C 层空间中起居厅的角部空间，将海景从转角窗引入室内（图 11）。建筑师在 D 层空间通过对体量进行镂空、切割，墙面的升起、下压与错位构建了多层次的外部空间。

2）空间深度

总平面清晰地表现了建筑群体的组织方式，一系列建筑与景观元素在线性路径上穿插与跳跃，基于主轴线形成均衡布局（图 12），场地组织始于入口处的景观墙。

在空间层级清晰划分后，格瓦斯梅通过对立面的精心设窗来强化画面纵深感，并构造"深空间"意象。浅空间和深空间均基于视觉体验，如果说浅空间的目的是带来两个或以上空间的感知，体现了空间的模糊性，那么在若干半私密或私密空间中，所见的则是三维的深空间。

在浅空间的营造中，多要素同时呈现但需精心组织，与传统构图形式不同，画面并非沿画布纵深展开而是平铺，所有的元素处在平行空间中。多个空间的三维构图，其深层含义是不同空间位置的同时感知，对比、均衡等构图原则同样适用。受立体派影响，格瓦

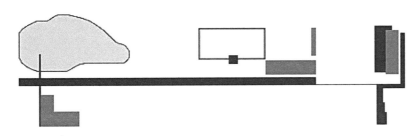

图 12 总平面构图示意

斯梅偏重于理性操作并十分关注立面中以直线和局部曲线构建的轮廓，通过空间灰度的控制实现空间划分和空间联通两种关系的整合。对于使用者而言，空间并不存在绝对的真实性，有经验的建筑师会对空间进行有效组织，引导使用者产生某种体验。

3）空间界面

格瓦斯梅十分关注空间界面设计，将观者注意力由界面引向建筑内部，界面是区分和营造深、浅空间的媒介。对于外部界面而言，通过路径引导使观者仅能看见建筑的正立面，获得浅空间感知，再通过视线提示观者推测空间。当观者进入建筑或变换视点后，空间呈现出不同的解读，空间的趣味性由此产生。

格瓦斯梅运用浅空间意向，采用透明介质，提升光线穿透力，呈现界面内部景象并同时表达了并置、叠合的双关性空间结构，部分空间内部形式在外部得以感受。格瓦斯梅认为空间界面的两个主要功效为成角透视与视觉遮挡，观者可以感知内外空间的互动，也会讶异于似乎"很浅"的空间其深度超出想象，从而体现空间的多义性和矛盾性。

空间的内部界面同样是设计的重点，一层的会客厅、二层的起居厅空间尺寸较大，而其原型是理想方形。为创造流动界面，格瓦斯梅围绕空间创造曲线界面，分别为入口弧墙、旋转楼梯、钢琴界面与弧形阳台（图 13）。

4）模数比例

作为理性精神的信仰者，格瓦斯梅与柯布西耶一样，从总体布局到空间划分再到细部设计沿用"模度"概念和理想的数学模型，将无懈可击的比例推向极致。

住宅的形式生成过程是不断划分的过程。格瓦斯梅以最基本的几何图形来组织自己的理想平面。以一层平面为例，平面的外轮廓即为标准的黄金比长方形（8∶13），在空间进一步划分时更大量地使用了黄金比（或近似黄金比的 2∶3、3∶5、7∶18 等比例）长方形

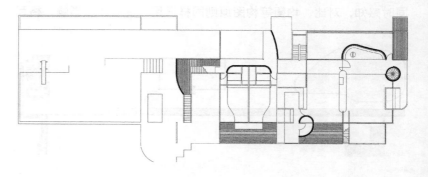

图 13　曲线元素分析

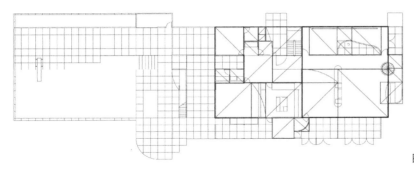

图 14　空间划分分析

（图 14）。同时，具有古典意味的对称布局和轴线在平面中也清晰可见：首先在由北向南的第二层中形成一条轴线，进行交通组织，在一至三层平面中均有显现；其次，在平面的生成过程中将平面划分成两个对等的方形，在功能上对私密与半私密空间进行区分。由于半私密性的会客空间相对完整而宽敞，东侧的方形基本完整，只进行简单划分。西侧的半私密空间则以相应比例继续划分，直到出现最小空间为止。然而划分并未终止，地面分格将其延续到更小尺寸，可以看到无论室内或室外平面中的任何要素均是以该方式进行划分和控制的。

结语

　　作品解读可以进一步理解建筑师的工作方式，但无法展现建筑的全部。需要明确的是，互相叠加渗透造成透明性的元素并非实体，而是空间；浅空间产生空间归属问题上的模糊性，同时在具体操作中需结合层化结构对空间组织建构，具体赋形和清晰表述[2]，其实质在于创造人在行进中的意料之外的空间体验。不同空间位置的同时感知，要求视觉感知引导和形式生成逻辑的系统梳理。德梅尼尔住宅继承柯布西耶早期的设计语言，但格瓦斯梅将二层空间公共化，建立了一种新的公共空间在建筑三维空间中的关系。强调公共空间与私密空间的严格区分也可视为其从体验角度对空间的发展产生的推动作用。

注　释：

1. 雪铁龙体系，由墙和楼板承重，墙既起到围合空间的作用，又承受屋面荷载。建筑采用当地的材料，楼板和窗遵循同一模数。柯布西耶在住宅设计中常使用雪铁龙体系和多米诺体系并用的设计手法，这样不但满足"新建筑五项原则"的特征，又有"雪铁龙"住宅上下通高的客厅空间特性。详细可参照：[瑞士]W·博奥席耶，O·斯通诺霍.勒·柯布西耶全集.第1卷.1910–1929[M].牛燕芳，程超译.北京：中国建筑工业出版社，2005：26–28.
2. [美]柯林·罗，罗伯特·斯拉茨基.透明性[M].金秋野，王又佳译.北京：中国建筑工业出版社，2007：54–55.

千禧教堂位于罗马市东郊，周边为建于 20 世纪 70 年代的低收入者住宅区。理查德·迈耶在 1996 年的国际竞赛中获得该项目设计权。千禧教堂于 2003 年正式建成开放，建筑面积约为 2500m²。

4 现象透明性

——千禧教堂

理性的操作方式、动态的空间构成与纯净的建筑形式几乎在理查德·迈耶建筑生涯的所有作品中均得到完美的呈现，2003 年建成于罗马东部小镇的千禧教堂（Jubilee Church）是其杰出的代表作。迈耶运用透明性空间操作方法，使看似纯净的建筑形式隐含了丰富的空间组织逻辑。该建筑作品中的复杂性、流动性、模糊性特征隐含着他对建筑现象透明性设计策略的熟练掌握与运用。

概念生成

从基地环境中广场与周边社区的肌理分析，可以很快地捕捉到作品中交叠的网格体系来源于广场南部与东北部住宅布局形式，两者之间存在 3° 的偏差。而三段弧墙形式的选择与圆形广场西部、

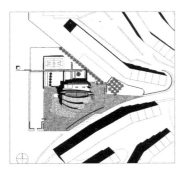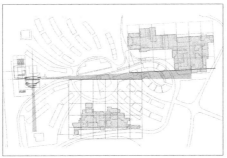

图 1   总平图及区域场地分析

西北部的自由曲线型住宅形成动态呼应，并分别隐喻"圣父""圣子""圣灵"。同时建筑群中心东西向轴线直指圆形广场中心（图1）。在长期的研究与实践中迈耶形成了系统的空间操作与形式生成模式，一旦建筑与场地形成有效链接，便可熟练自如地驾驭。这种由外而内的概念生成与由内而外的空间形式操作构成了迈耶设计的核心体系。

现象透明性解读

现象透明性作为设计策略最初由勒·柯布西耶从立体绘画领域引入建筑界。作为画家和雕塑家，柯布西耶一直在探寻空间的深层内涵，并从立体主义绘画中转译出一系列空间操作方法，如浅空间、层状结构与空间维度等。20 世纪中期，柯林·罗（Colin Rowe）与罗伯特·斯拉茨基（Robert Slutzky）通过对柯布西耶作品的分析提炼出建筑现象透明性的概念，并在理论与方法层面进行了诠释。

现象透明性暗示丰富的空间特征，体现空间深层结构的组织逻辑，意味着人们能在同一位置感知不同的空间层次，具体可归纳为"空间维度矛盾"和"层化现象"[1]。"空间维度矛盾"表现为通过建筑元素的精心组织使人们对"浅空间"的感知不断与现实中深空间的实质相背离，从而形成某种张力，并提供对空间层次多重阅读的可能[2]。空间的层化现象是现象透明性的本质，作为操作方法使空间具有复杂性的同时并赋予其清晰的结构逻辑。

现象透明性的组织思想和方法在柯林·罗之后得到不断发展与深化。彼得·埃森曼的"双价概念"（The Conception of Bi-Valency）[3]作为形式条件意味着同一个要素具有等价的两种不同符号，因而可以运用两种不同的方式解读。如某两个系统在规模、数量和分布位置方面势均力敌，则可同时读出两个系统，而当其中一个被认为是结构系统时，另一个则成为信息系统，反之亦然。在埃森曼的 2 号住宅设计中，便存在多种双价体系（图2），这与透明性空间维度矛盾如出一辙。再如迈克·格雷夫斯（Michael Graves）

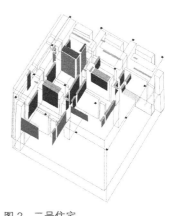

图 2   二号住宅

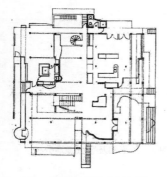

图 3　思尼德曼住宅平面图

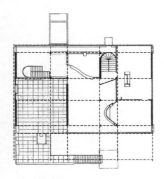

图 4　加歇别墅空间层状关系

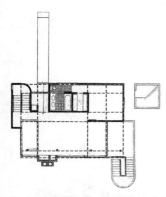

图 5　史密斯住宅空间层状关系

主张设计应维持建筑基本元素的真实性，同时又有与固有属性混合为一体的某种空间幻觉。在思尼德曼住宅（Snyderman House）中，他着重考虑空间的多层次穿插与叠加，在反映结构体系的同时亦具有象征意义（图 3）。其建筑形式反映多重的启示与联想，最终形式隐含有深层次意义上的暗示。该设计显然与透明性中空间层化现象有着异曲同工之妙。而迈耶对现代建筑现象透明性空间组织的探索从未间断，且在其实践中不断进行新的诠释。

如果将迈耶的史密斯住宅（Smith House）平面图与加歇别墅平面图进行对比分析，则可知透明性方法在迈耶设计过程中的连贯性。对于加歇别墅，东西立面的开窗及与之平行的室外楼梯暗示了从南至北六层并置的空间秩序。但仔细阅读平面可发现，二层内凹空间、中部主体空间与附属空间均暗示了与外部推测相垂直的空间秩序，并通过一系列纵向墙体得到强化，从而形成纵横两个方向上空间界定的叠加（图 4）；而在史密斯住宅平面中，同样存在两个层状结构垂直叠加的关系。公共部分与私密部分沿立面长方向层状排列，形成水平方向的秩序，然而室内楼梯和室外楼梯以及独立于主平面的方形空间提示垂直于立面的秩序存在，并通过私密空间内墙体、卫生间的方向性得到证实，延伸出室外的坡道，坡道与楼梯间之间的空隙以及部分与坡道位置对应拼贴于主体上的壁炉等均强化了这一秩序，由此可见以现象透明性为线索的空间组织（图 5）。

几何图解

迈耶运用了三种几何体系进行空间组织，构建了复杂的空间几何框架（图 6）。两套方形垂直体系以 3° 偏差进行平面组织，其中一组几何界定教堂空间而另一组则界定社区活动中心，两组几何空间相互穿插与互补，内部赋予平面二维动势。第三种关系则从圆形中提取四段弧形构建空间，其中三条弧线半径相等但圆心相异，第四条弧线半径较大且与前三条弧线呈相拥之势，与 A 网格共同构建教堂主体空间框架。在这里，弧形片段相对于 A 网格呈交融态势，相对于 B 网格则具有排他性。如果说两组方形网格体系继承了柯布西耶的多米诺结构体系组织空间，那么弧形的运用则体现了建筑师将空间体系与结构体系合二为一的设计思路。三组几何图解的运用，一方面是场地对周边肌理的响应，另一方面则反映了迈耶运用不同几何进行叠加、错位、穿插、旋转进行复杂空间体系操作的动机和信心，亦证明这样的图解既是概念性的，又是功能性的。

从平面图中可以清晰地观察到迈耶界定层状空间的手法。由三

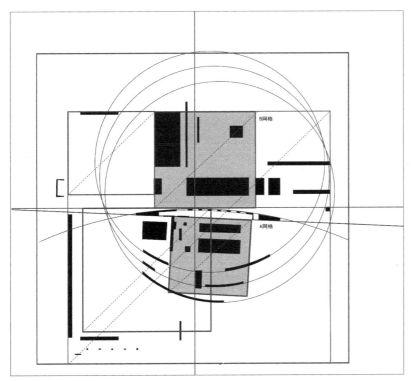

图 6　几何图解

道弧形开始，逐层排列的结构暗示了层层递进的内聚动势。一道位于主殿与社区活动分界处的弧形墙体与主殿主体弧形界面共同界定了弧形空间。继续北移，忏悔室垂直体量的界定亦强化了这一矛盾。空间的不确定性阅读初步形成，深层阅读欲望亦被调动。

　　东西向建筑主轴线联系着社区中心与社区生活。铺地、构筑物及树木共同完成着轴线的使命，轴线上构筑物所处位置看似是轴线终点却又引导着人们的视线继续伸向社区圆形广场。与东西主轴线相交的南北轴线界定了建筑群的几何中心，但又迥异于传统教堂十字轴作为内部空间焦点的设计方式，在这里建筑师刻意弱化了传统的中心并使之边缘化。而真正的内部空间核心与场地十字轴网格具有 3°的偏转，并被位移到十字轴中心的东南方向。从教堂平面中可以看出由入口雨篷、管风琴阁楼、圣器收藏塔构成的体量断裂式地穿插于教堂空间之中，一方面强调教堂入口空间的重要性，同时增加空间的趣味性与复杂性（图 7）。

　　在千禧教堂中，透明性设计思想和方法贯穿场所、形体和空间设计的每一个环节。迈耶巧妙利用了方、圆两种几何进行叠加处理，将双向旋转的圆形和层层交叠的矩形依据社区肌理进行叠加与重组，形成建筑的几何定位。从设计过程中可以发现，两个十字交叠的部分构成了教堂的核心区域—礼拜池（图 8），此处亦是透明性空间组织的核心区域，南侧教堂的弧形空间与北侧社区中心体量形

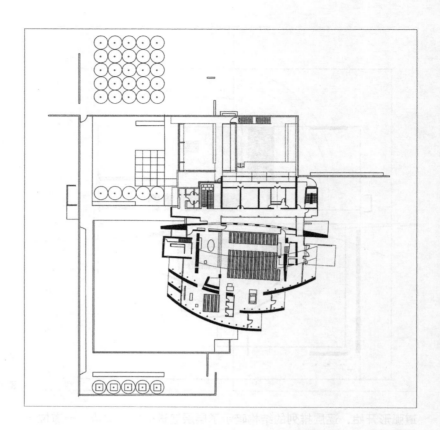

图 7　一层平面图

成交叠空间，观察者可以同时阅读到两套秩序关系的存在（图 9）。以教堂与社区活动中心的分界线为轴线，教堂局部进行了 3°的扭转，两个系统再次叠加、渗透，构成了交叠的空间框架。类似的设计操作同样可以在霍夫曼住宅（Hoffman House）中观察到。住宅平面上为两组叠加的矩形，一组为正交网格，另一组在入口处进行了 45°旋转，斜向和平行的空间相互影响、渗透，交叠部分形成核心区域。正是因为两个体块成锐角的穿插，别墅充满了矛盾性的阅读层次（图 10）。

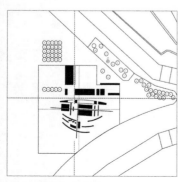

图 8　两个十字交叠

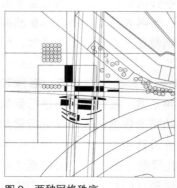

图 9　两种网格秩序

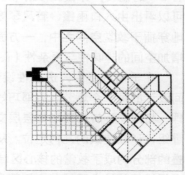

图 10　霍夫曼住宅网格体系

空间操作

　　教堂主立面正对社区圆形广场，因此在空间分析上以主入口广场视点为切入点进行，建筑空间自左至右是明显的层化空间现象。初步阅读可以看出，从最南端的第一道弧形墙界面至北边以两组楼梯为标识的活动中心条形体块，构建了五组不同的空间状态。左边的三组空间由四片弧形墙界定，第四组空间则是由教堂空间的北界面与活动中心的南界面界定，第五组则是活动中心的交通空间。五组空间特征呈现强烈的纵深性与环绕性，且在主立面上具有强烈的层化形式特征，并不断被强化（图 11）。从内部空间向东延伸的四层高弧形墙片、入口雨棚与北侧片墙、第四层空间的垂直墙片以及社区中心条形体块的端部楼梯，这些元素在不断地强化建筑内部空间的纵深性（图 12）。然而当你进入深度阅读与体验时，有趣的现象开始出现。踏进大门，所感知到的是一个扁平的门厅空间，由外

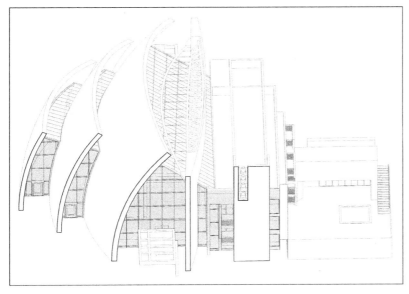

图 11　空间层化特征

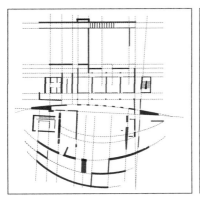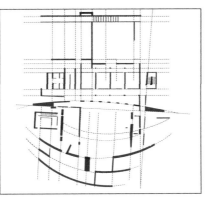

图 12　空间垂直性与水平性划分

35

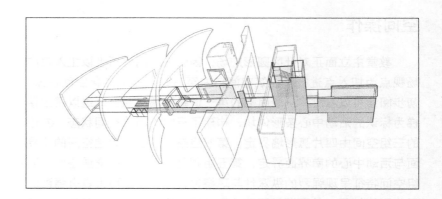

图 13　空间交叠图解

图 14　空间垂直性划分

墙与第一道屏风墙形成，地面材料的横向划分亦在暗示空间的水平性。第二道弧线墙的中部抽离，第三道弧形墙内部的碎片化切割，以及一系列平行于屏风的建筑元素，如忏悔室、座位排列走向、圣坛台阶，均在暗示空间的水平划分（图 13）。内部空间与主立面所呈现的形式产生了阅读与感知的矛盾，立面上呈现的纵深性被内部的平行空间所否定，产生了空间维度的矛盾，现象透明性的特征由此呈现。教堂内部空间的实现与立面所形成的暗示，潜在空间与表象空间的对立统一，纵横切割的空间层次交替出现，引发人在其中深度解读的欲望（图 14）。

迈耶深谙其道，在空间处理上，三度偏差的网格可以生成锐角的空间体验，东立面的教堂界面与楼梯后边的社区中心界面之间形成了一个成锐角的交通空间，而屏风墙的左侧内界面亦做了与另一套垂直体系呼应的细部切削处理。在空间垂直维度的阅读上，弧形墙环抱内部空间，顶层天窗所产生的光影以不断变化的方式对内部空间进行润色，至此承继并发扬了柯布西耶的现象透明性空间操作方法，以极其理性的逻辑方法生成了当代的建筑空间与形式。

能量流动

千禧教堂同样可以从能量流动的角度进行空间与形式设计解析。阅读剖面图，不仅可以看出教堂内部空间与社区活动空间之间的对比性处理方式，位于大小空间之间的垂直竖井形成了空间的过渡，并可组织空气对流。建筑北侧的下沉庭院使冷空气由地下一层进入室内，在热压作用下向上运动并由天窗通风口排出，以带动室内通风，实现了夏季自然通风降温。在冬季礼拜堂通风口关闭时，顶部及东西侧从玻璃窗汲取太阳辐射热能，南北侧厚重的混凝土弧墙具有良好的蓄热效能，维持了室内温度。空间设计中对能量流动的考量免去了夏季的空调需求，亦大幅减少了冬季取暖设备的耗能。同样，三片弧形墙不仅是造型与空间划分要素，同时也是能量构件，

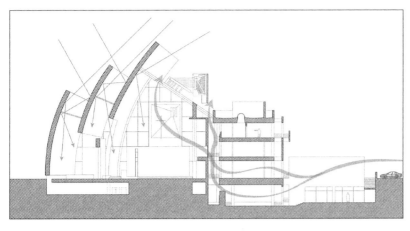

图 15   能量分析图解

主导采光与通风的方位（图 15）。弧形墙内部为预应力钢筋混凝土板，垂直悬臂构件带来强烈的视觉冲击力。南侧封闭墙体遮挡了地中海地区较强的阳光直射，顶部北向天窗进入的漫射光线，经过白色弧墙的漫反射，使空间变得虚幻与神奇。随着季节与时间的变化，光线穿过天窗上部的桁架，在室内投射出变化的光影。内倾的弧墙缩小了教堂顶部开口，在夏季时天窗产生了烟囱效应。

结语

现象透明性概念在中国建筑学术界并不陌生，然而在实践界、教育界作为一种空间设计方法与组织原则却很少见。分析千禧教堂，旨在阐述其现象透明性操作方法，并探求其设计内涵。尽管现代主义建筑作为一种风格在世界范围内受到热议和批评，然而无论如何，这项运动却留给后人丰富的遗产。作为柯布西耶的追随者，迈耶潜心研究了柯布西耶的空间与形式操作方法，并在当代语境下从事行之有效的建筑实践，从而构建了其特有的建筑语言。

注   释：

1. 参见：[美] 柯林·罗，罗伯特·斯拉茨基著 . 透明性 [M]. 金秋野，王又佳译 . 北京：中国建筑工业出版社，2008：54.
2. 从透明性入手发现中国古典园林中的"浅空间".https：//www.douban.com/note/394400325/?type=like#sep.
3. 参见：《彼得·埃森曼的理论与作品中呈现的句法学与符号学特色》，乐民成著，《建筑师》，中国建筑工业出版社，第 30 期，1988 年 7 月 . 在彼得·埃森曼的其他言论中也曾将相同的概念命名为自我参照系或双重结构 .

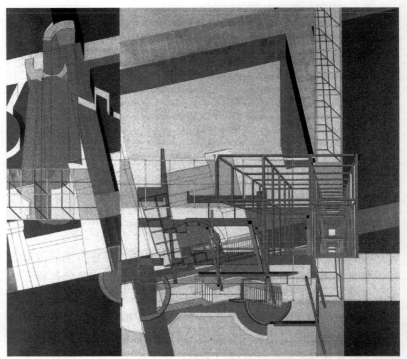

维克斯纳视觉艺术中心位于美国哥伦布市俄亥俄州立大学校园的东端入口处，集展览、放映、表演、研究、教育等诸多功能于一体。建筑于 1989 年建成，综合了彼得·埃森曼多年的设计研究成果。

5 概念的转译

——维克斯纳视觉艺术中心

20 世纪 80 年代彼得·埃森曼设计的维克斯纳视觉艺术中心（以下简称"艺术中心"）是其个人设计生涯中的一个重要标志，在国际建筑界产生了强烈的冲击，埃森曼以其独特的设计理念与操作方式闻名于世。本文试图还原建筑的设计生成过程，剖析建筑师的思维轨迹及其作品的核心设计价值，从而使读者更深刻地领会其设计操作方法。

形式生成方法

　　埃森曼的建筑总是呈现出某种复杂暧昧的结构关系，看似非理性的建筑形式却基于严谨的理性逻辑推导。《图解日记》（*Diagram Diaries*）一书是埃森曼对自身设计经历的回顾，结合书中对图解内在性的说明和归纳，在案例解读之前，有必要对互动网格、尺度消解、立方体、el 形、风车构图等概念与方法进行阐述。诚然，埃森曼的学术生涯一直充满变数，其与视觉艺术中心相关，诸多手法汇聚成相互制约、相互关联的互动体系，构成埃森曼设计的主线。

1）互动网格

　　通过转位（Dislocation）获取信息并引入相关系统形成互动网格，是埃森曼的设计方法之一[1]。在对基地转位的过程中，埃森曼编辑、虚构了基地，从而使基地更具复杂性与叙事性。通过对基地历史进行研究并挖掘，试图在原有体系中，重构新的网格系统，使之相互叠加与渗透，形成互动网格。在柏林社会住宅中，第一网格反映现存柏林街道的城市肌理，第二网格则借用了 18 世纪基地的印迹（Trace）[2]，两个网格呈 3.3° 夹角，在双重网格控制下完成建筑形式的生成（图 1）。互动网格成为埃森曼设计过程中常用的设计方法之一，呈现了埃森曼对环境、文脉与城市的深度思考，从而使建筑与基地在更深、更广的层次上进行对话。

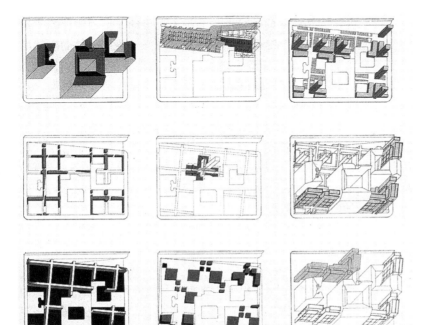

图 1　柏林 IBA 住宅图解

图 2 坎纳瑞吉奥方案模型

图 3 住宅 3 号轴测

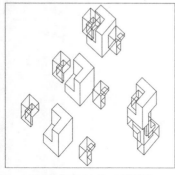

图 4 住宅 11 号 el 形图解

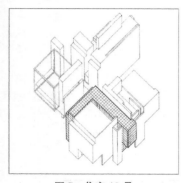

图 5 住宅 10 号

2）尺度缩放

人体尺度一直是衡量建筑优劣的标准之一，埃森曼受非线性科学启发，对传统建筑尺度提出质疑。20 世纪 80 年代他将分形几何看作是传统几何学的拓延与发展，并在一系列建筑中运用尺度缩放的方法生成建筑。如在威尼斯的坎纳瑞吉奥（Cannaregio Town Square）设计方案中，埃森曼在广场上布置了一系列不同尺度的相同物体（图 2）。每一物体均以住宅 11a 模型为参照[3]，最小的与人等高，而整体形式是有自相似性特征，与其说是一种形式游戏，其更深层次的意义在于不同尺度对应着宇宙中不同的事物。

3）立方体

埃森曼早期实验性住宅可以被认为是对一系列立方体形式生成的研究。在这些住宅中，其在抵制功能与涵义的同时，研究形式的自主性问题，将结构体系中的柱、墙、空间视为抽象的点、线、面、体几种元素，通过转换记号（Transformation marking）、双价层面（Layer Doubling）、旋转层面（Rotation Layering）、倒置拼图（Inversion Montage）、扭转网格（Warping Nesting）等方法的应用，形成其特有的设计句法（图 3）。

4）el 形

埃森曼认为结构并非静止的，而是不断运动、不断变化的非稳定体。他经常选择一个三维的 el 形为基本形来产生形式的动态感与不稳定感（图 4）。el 形实际上是将一个立方体去掉 1/8 而形成的，其表皮接近克利恩瓶（Klein Bottle）具有的连续而完整的界面，并暗示着内部空间与外部空间的互换性[4]。el 形处于变化的动态过程中，如果沿其对角线方向的轴向外延伸 el 形凹陷的 1/8，即形成完整的立方体，而相反方向推动则形成立体 L 形界面围合成一个虚空。其不稳定性同时体现在无法判断它的起源是加的过程还是减的过程。埃森曼认为 el 形代表了一个先天不稳定的几何体，是在稳定与不稳定"两者之间"摇摆的形式。

5）风车构图

埃森曼的很多作品呈现出某种直接或间接的风车构图。住宅 10 号是此形式生成的范例（图 5），其方法不仅在二维上进行错位、穿插呈现风车状，同时三维空间亦采用了同样的原理。风车构图使埃森曼设计的丰富多样的建筑形体呈现出有机而严谨的空间状态，并有效地证明了丰富的形式生成源于理性的推导过程。

作品解析

　　艺术中心创作始于 1982 年美国俄亥俄州立大学举办的设计竞赛。在其过程中，埃森曼从包括迈克·格雷夫斯、西萨·佩里（César Pelli）等 5 家团队中脱颖而出。该建成作品于 1993 年获美国建筑师学会（AIA）国家荣誉奖。埃森曼在设计理念上突破了传统博物馆建筑类型与形式，创造出独特的时代风格。

1）概念转译

　　埃森曼的设计具有很强的概念性，他认为建筑不再仅仅是对设计任务书内容的简单转译，而是其设计哲学传达的载体。诚然，建筑应满足实用性，以及与环境的契合性，但对艺术中心的解读很难在第一层次上看出端倪。实用性功能与周边环境的感知在设计中被放到第二甚至第三层次。作品给人留下的强烈印象是叠加与错位的网格、充满视觉冲击力的"脚手架"、基地原有军火库的重组与复活，以及运用网格生成的立体景观。艺术中心更像是埃森曼思维框架下逻辑操作的大地艺术（图6、图7）。建筑不再是传统意义上的独立实体，而是依附于城市与校园肌理生成的架构以及基地历史的重现。

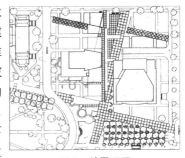

图6　总平面图

　　埃森曼在设计过程中试图挖掘存在于基地与历史中的深层结构体系。通过对基地、校园、城市进行图解分析，将其中隐含的信息进行转译，生成空间与形式。由此建筑不仅服务于人的需求或作为艺术中心的实际功能，更重要的是形式隐含了场地的各种信息并服务于当代文化语境，使艺术中心不仅属于校园，更属于城市；不仅表现当下，更具历史内涵与记忆。

图7　鸟瞰图

2）复合网格

　　埃森曼将城市与校园网格相互叠加，使城市街道系统与大学校园网格、校园中轴线汇集，形成复合网格。艺术中心位于俄亥俄州立大学校园的东部入口处，是校园内椭圆形广场主轴线的尽端。校园的早期规划以该中轴线作为建筑群体围合的基准线，埃森曼刻意摆脱古典中轴线的约束，从宏观视角审视艺术中心所处场地。哥伦布市的城市网格被引入场地，与校园网格偏差 12.25°（图8）。校园网格在多种场域结构的影响下产生错位并与城市网格相互关联，校园内卵形体育场与哥伦布市机场的连线成为定位艺术中心入口的

图8　校区轴线分析图

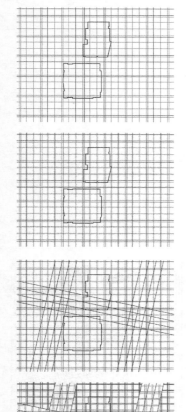

图9 复合网格

"基准线"。机场、体育场、艺术中心恰好联成一线。埃森曼在图纸上用"红线"将其定位关系明晰地标示，该红线亦从地面上呼应了进入哥伦布市的航线，虽有点巧合与牵强之嫌，但埃森曼乐在其中。

在具体操作中，埃森曼运用了多重错位的方法，使原本单一的网格体系衍生出不同方向、不同尺度的多种等级属性（图9）。在横纵两个方向，埃森曼首先以最初校园网格单元为基准，每三个单元为一组，进行整体偏移；其次，对于未被偏移的网格又进行双向小幅度错位，由此产生具有韵律性的组合空间单元。最后，拼贴城市网格，形成可以操作的双重网格。经过多次偏移、错位与叠合，建筑构架逐渐形成。

3）"脚手架"

"脚手架"的嵌入隐喻了城市网格，但绝非一个正交体系的简单表达。其深意不只在于对城市的回应，更在于对现代建筑形式的反思性实践。

通常建筑师对原有基地建筑会采用一种谦让与协调的心态进行设计构想，如在建筑高度、材质与色彩方面与之呼应。而埃森曼却采用"切入"的手法。艺术中心穿插于校园两个现存的毗邻建筑——威格厅（Weigel Hall）与莫森报告厅（Merson Auditorium）之间。埃森曼对其进行了"外部手术"，并留下了强烈的印记（图10）。

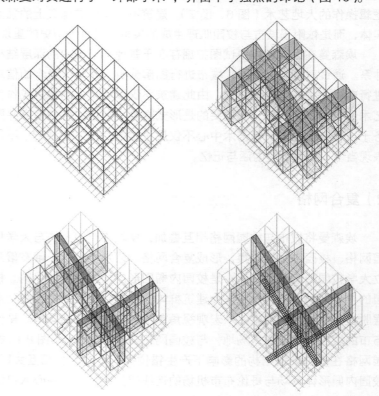

图10 脚手架的"切入"

在分析路易斯·康（Louis Kahn）的德·沃尔住宅（De Vore House）时，埃森曼如是说："试想一下，还有什么做法能比在一栋住宅的心脏部位横插一堵墙体更让人感到现代呢？而被墙体切开的住宅并不是现代住宅，而是一栋以九宫格网呼应古典的住宅"[5]。在艺术中心设计中，埃森曼同样在两栋建筑之间运用现代"脚手架"进行"嵌入式"置放，构建了具有张力的核心空间与形式。如果说彼此相差 12.25° 的叠加网格成为建筑师空间操作的依据，那么"脚手架"的介入则成为其对现代语汇的重新解读。"脚手架"既是复合网格的三维体现，又更像一个装置。不仅具有建筑功能属性，而且其本身也成了展品。此外，埃森曼运用尺度缩放法对建筑尺度进行了消解。在尽端，埃森曼有意使其呈现出类似 el 形的形态（图11），意在表达一种无始无终、无等级秩序的概念[6]。

图 11　白色脚手架尽端

对于正交体系的研究可以追溯至布鲁内列斯基（Brunelleschi）在佛罗伦萨为美第奇家族教堂（佛罗伦萨圣神大殿，Basilica di Santo Spirito）的设计中——纯粹由正方形单元组成的网格体系下，形成了平面布局的肌理（图 12）。在早期现代建筑的形式特征中，单元的复制性和延伸性被理性地运用，竖直方向却是由楼板层叠形成的层状空间。埃森曼在艺术中心中使用的三维网格构架，不同于柯布或密斯使用网格的概念，在这里他有意将柱子与横梁同一化并弱化方向性，强化三维均等性，体现了一种不同于二维平面网格的三维立体网格设想（图 13）。与柯布西耶的二维网格相对比可以看出，埃森曼对柯布多米诺体系持批判态度。"脚手架"似乎脱离了固有的重力系统以表现艺术中心的不确定性特征。

从平面上亦可以体会到埃森曼对于现代运动网格体系的解构。"脚手架"网格并非单一层次，建筑实体部分是网格透过玻璃向室内空间的渗透，进行了多次错位（图 14）。锚固玻璃幕墙的竖向钢柱与脚手架网格偏差了约 1/4 单元，而室内柱网又与幕墙钢柱偏离整整一个单元。柱网的布置，再一次强化了城市网格在建筑形式中的影射。埃森曼通过错位的网格，脱离早期现代主义网络体系概念。

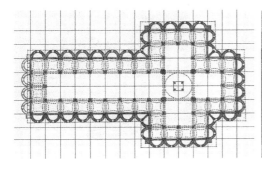

12 | 13

图 12　佛罗伦萨圣神大殿
图 13　白色脚手架的三维同一性

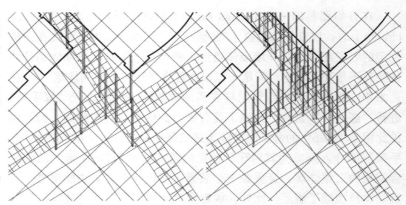

图 14　网格的偏移解构——柱子与
脚手架的错位

柱子不仅作为承重结构，更成了视觉传达和概念生成的载体。

4）"幽灵"再现

该作品在塔楼形式生成层面独具匠心，笔者将之称为"幽灵再现"，埃森曼采用了基地考古学的方法，通过对基地历史的研究，发现 20 世纪 50 年代基地上曾建有军火库。这座军火库建于 19 世纪，1958 年毁于火灾。他认为建筑必须呈现历史的痕迹，但又不能像后现代主义建筑师那样以某种夸张的手法呈现，因此通过对原有军火库形象的解构、重组与移位重现了历史场景。

埃森曼确立了建筑的基本网格，并在网格中进行操作，使得城市空间、校园空间与历史片段以不同的方式，在时间维度上与历史对话，在空间层面上使建筑与城市、校园对话。军械库原址位于基地东北角，埃森曼通过移位的方式将其定位于建筑入口区域。被肢解的军械库填补了地段上 30 年的历史空白（图 15）。德里达认为"幽灵"概念具有价值和解构的意义，因为"幽灵性"的特点就是非生非死、非真非假、非在场非不在场。故而用"幽灵再现"形容艺术中心扭曲、错位的塔楼形式十分贴切（图 16）。

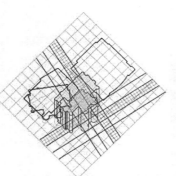
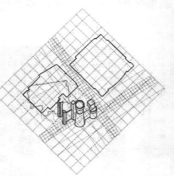

图 15　军火库的重现概念　　　　　　　　图 16　塔楼

空间体验

在空间塑造中，埃森曼试图消解传统稳定的空间结构状态，建构动态空间体系。复合网格被引入建筑系统中，不同的形式在网格叠加与分化中被提炼。人在室内外行走的时候，阴角与阳角空间交替出现，屋顶与地面相互转换，一切均在变换过程中，亦很难发现固定的视觉焦点。

观察者能从外部空间感知多重尺度，逐渐上升的"脚手架"、动态的天际线、尺度缩放的几何形式、凹凸不平的基底、色彩与材质暗示了美国中西部独特的自然地貌。通往展廊的坡道增强空间的动势，从坡道尽端回望艺术中心，天窗与窗棂变幻的光影、悬浮的走廊与网格几何形式形成了强烈的视觉冲击力，使建筑本身成为视觉艺术展示的一部分。

景观布局是设计概念的延伸，场地南侧广场肌理，由相互偏移的网格叠加而成。场地北侧的绿化平台，通过网格切割形成体块，其中在靠近出口处的地面"切割线"平行于"体育场—机场"轴线，北部体量向东滑移，形成动势。绿化平台的高度随网格和"切割线"高低错动（图 17），形态富有动感。

在内部空间中，埃森曼试图颠覆人们对建筑元素的传统认知。在这里，柱子不仅意味着承重，楼梯也不只是楼层之间的通道，空间组织刻意让人对习惯的思维产生与怀疑，游戏般地营造似是而非的幻觉（图 18）。同时，埃森曼试图模糊传统的视觉阅读等级差别，消解墙与柱的结构概念。如入口处悬在半空无基础、无方向的柱子，已经不是结构意义上的"柱"，它没有准确的意义，强调了建筑的中性感。视觉艺术中心的四个主要展廊空间提供了音频、视频和一些辅助展示空间，除此之外，它还包括 280 座的剧场、黑盒子影院（Black-box Theater）、咖啡厅、商店、音像车间、资料室、仓库和辅助用房等（图 19）。功能的划分使流线与空间不再呈现传统的连续性，而以"碎片"非连续性的方式出现，从艺术中心入口既可以

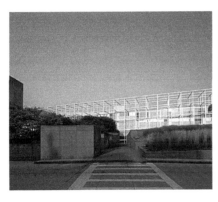

17 | 18

图 17　立体景观
图 18　室内网架与楼梯

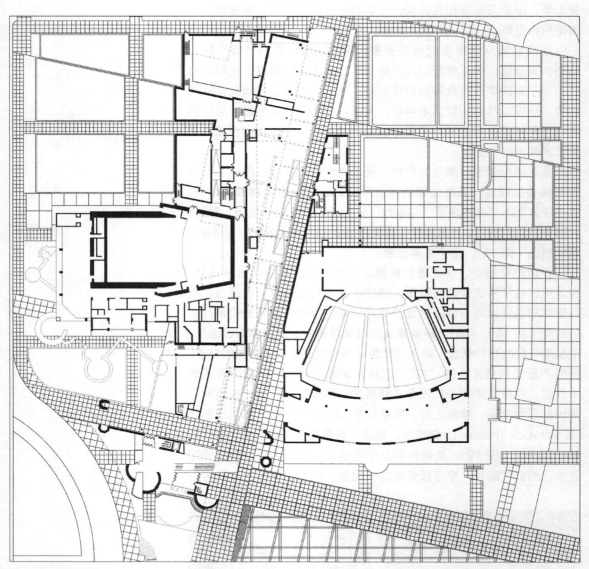

图 19 一层平面图

上升进入展厅，也可以下行至黑盒子影院及半地下空间，两种流线
与空间形成强烈对比（图20）。

结语

　　埃森曼设计的艺术中心具有跨学科组织设计的强烈意识，生成
过程涉及了包括地理学、考古学、混沌理论、分形几何等众多学科
知识。他系统地消解传统线性设计思维方式从而使建筑呈现不确定
性特征。尽管艺术中心表达了如此丰富的内涵，但当人真正体验时，
所品味到的是良好的漫步路径与空间品质。在感知形式新颖的同时，
功能十分合理，空间的艺术氛围十分浓重，与周边环境与建筑的关
系亦十分融洽。真正的经典建筑不仅在概念层面契合当代思潮，具
有创新性、前瞻性，更应该反映建筑师深厚的专业功底与良好的职
业修养。

图 20　黑盒子影院

注　释：

1.　埃森曼所说的解位是和基地联系在一起的，意思是基地的预期景观。
2.　住宅 11a 构建了埃森曼分型几何建筑模型，埃森曼试图对传统建筑尺度进
　　行消解。
3.　德里达提出的术语被埃森曼借用。德里达将符号理解为印迹，是因为符号
　　总是在与别的符号相对立与相比较中显出意义，故而别的符号在有助于界
　　定它的愈义的同时，就在它的上面留下了它们的印迹。
4.　克利恩代表一种三维的思想，内与外都处于不确定的相互转换中，模糊了
　　传统的图底关系。
5.　引自《建筑经典：1950–2000》：从网格到历时性空间，93 页。
6.　参见前文对 el 形的论述，其接近克利恩瓶的形态特征使其具有连续循环的
　　形式空间状态。

波尔多住宅位于法国波尔多市郊一个坡地上，周围是茂密的森林，人在其中可以俯瞰波尔多市的景色。住宅由荷兰建筑师雷姆·库哈斯及其事务所 OMA 于 1994 年设计，1998 年竣工。

6 地窖与阁楼

——波尔多住宅

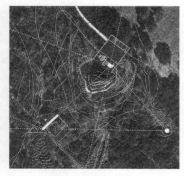

图 1　区位总图

波尔多住宅很像一座当代意义的城堡，你必须走过一段悠长而曲折的路径才能见其真容。茂密树林中，首先进入视野的是悬浮在高处的箱体，形式的厚重感与结构的漂浮感给人以强烈视觉冲击，场地似乎以一股强大磁力阻止建筑脱离地面（图 1）。当视线下移，人们会发觉一片水平院墙嵌入缓坡之上。院墙入口的月形与箱形体量的圆窗则默默以完美几何传递建筑的原始形象。对雷姆·库哈斯而言，设计波尔多住宅几乎是一个哲学命题。委托方是一对夫妇，他们曾经的居所美丽而古老，然而一次偶然事故导致男主人行动不便，对其而言，老房子与中世纪城市已然变为囚室，男主人将其对新生活的渴望诉诸建筑，"我需要一个复杂的房子，该房子将定义我的世界"[1]。当代时空下，库哈斯运用复杂的空间想象力创造极其洗练的形式，构建新的"地窖与阁楼"家宅原型，在近乎世外桃源的环境中叙述着人类如何诗意安居的故事（图2）。

图2　坡道入口

场所营造

法国哲学家加斯东·巴什拉（Gaston Bachelard）认为，"家宅是形象的载体，他给人以安稳的理由或者说幻觉"[2]。他阐述了两个重要的现象，首先家宅应被想象为一个纵向的存在，继而唤醒垂直意识；其次家宅可被想象为一个集中的存在，以唤醒人们的中心意识。在论述垂直性时，他认为："垂直性是由地窖和阁楼的两极来确保的。我们可以把屋顶的理性和地窖的非理性毫无异议地对立起来"[3]。

库哈斯一方面欣赏现代建筑师的先锋性、革命性与探索精神，另一方面也充分意识到现代建筑的蔓延带来的无根性及场所精神的缺失。在运用水平性表达空间与体量的同时，关于"地窖与阁楼"的垂直性问题想必也是方案构思的预设图解。作家亨利·博斯科（Henri Bosco）笔下的家宅从大地走向天空，塔楼垂直性概念表达为从最深的地下与水面升起，直达天空的灵魂居所。也许在库哈斯心中，现代塔楼形式是将深藏在大地的地窖与悬浮于天空的阁楼进行概念联系，以此完成男主人对居所复杂性的诉求。从空间性质来看，3m×3.5m的升降梯将地窖空间中的神秘性、一层空间的水平延展性与顶层阁楼空间的自在性加以纵向连接，借此隐喻塔楼的垂直性。垂直的空间运动带来不断变化的视野，主人于其上享受穿越时空的精神体验。锚固在缓坡的院落，嵌入山体的地窖，垂直运动的升降梯，螺旋而上的楼梯，悬浮空中的阁楼与自然环境构成奇妙的交响乐。主人在此享受都市般的便捷体验，并在四季变幻与昼夜交替中编织田园梦境。在波尔多住宅中，建筑师从男主人的日常活动需求出发，运用方形、圆形等纯粹几何与独特的色彩搭配共同描绘当代日常生活图景。对于当代性的思考来自库哈斯对社会问题的关注及对人性的关怀，他将时代性的认知转化为无形的能量，并以艺术形式加以表达。

波尔多住宅是对城堡的一种隐喻。打开滑动的地下层玻璃窗（图3），曲折边界的洞穴式墙体构建地窖的神秘性，而延续至顶层的筒形楼梯与阁楼式箱体上不规则的圆形孔洞则将其与阁楼的理性关联起来，形成垂直方向的势能。坡道的设置实现了主人从外部进入升降梯的平缓过渡。庭院作为重要的场所构成要素，由院墙、主体生活空间和服务空间共同界定。主次两个庭院将仆人用房与主人用房空间相互联系的同时予以分隔，大小对比的庭院处理手法让人

图3　地下层透明窗

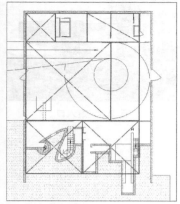

图4　地下层几何关系

联想起萨伏伊别墅二层的空间布局。在萨伏伊别墅中，两个庭院以坡道为轴，西侧次庭院和东侧主庭院与坡道产生密切关联并与环境对话。在波尔多住宅中，坡道同样用以分割空间，次庭院南侧毗邻坡道处设玻璃窗，北侧院墙则为方形洞口。主庭院东侧院墙的方形洞口与西侧圆形窗相对封闭，两者存在对位关系，但并未强调轴线对称。从庭院空间布局分析，以主入口为起点的坡道占据整个庭院空间，构图中心向右偏移。以西北侧院墙为节点，可衍生两个方形构图。通过偏移、错位、高差处理等操作，建筑师构建了动态的形式与诗意的场所（图4）。

空间操作

波尔多住宅具有垂直与水平的双重阅读，既体现了现代空间的水平性表达，亦存在古典精神中的垂直性隐喻，以下将从两个层面解读其空间组织方式。

1）水平性表达

波尔多住宅的水平性表达以体量拼贴、空间开敞和路径通达三种方式进行。建筑师将体量嵌入山体，从山体中抽拉出一个方体，并挖空部分方体形成庭院。一层透明体量与二层西侧悬挑的箱体形成非对称的体量拼贴（图5）。漂浮的体量与地面的庭院通过一层的虚化处理强调建筑的水平性。住宅地下层与庭院交接的界面采用可滑动玻璃窗，强化室内外空间的通透性和流动性。嵌入山体的洞穴因边界的模糊性将空间在水平方向上延展至隐蔽处，并拓展至远方。中间层空间相对开敞，当人身处其中，视野得以延展，空间水平性加强。将一层1/2透明体量向西抽出，形成室外露台，靠近露台侧为一段短墙，其余三面均为通透玻璃。中间层同时是建筑的核心部分，当升降梯悬停于其上，中间层成为被放大的、延展的开敞空间，只有东侧半透明书架用来划分起居室与研究室空间（图6）。当人到达露台，整个一层空间暗示的通透性体验才真正完成。透明体量、开敞露台与半透明书架形成的通透界面再次呈现空间的水平性特征。

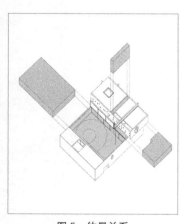

图5　体量关系

图6　升降楼梯停于中间层

升降梯空间兼具交通性与活动性，是建筑的关键所在。根据使用者的需求，升降梯与停留层的空间发生水平联系，各层空间成为变量，其所形成的上下空间与周边空间构成动态虚空，营造不同场景。在水平层上，升降梯移动形成上下起伏的剖面关系，构建动态非连续的空间情景。当升降梯空间被占据时，看穿、环视、俯视，不经意的观察亦是视觉焦点相互转换的过程。例如升降梯停于顶层时，其平台成为卧室空间的延伸。使用者可根据使用需求改变路径，通畅的流线组织对水平向空间加以表达。子女卧室以圆形旋转楼梯为中心向周围发散，强调空间由中心向边缘延展（图7）。建筑师精心描绘观察者的体验路径，当使用者漫步行进时，视野渐渐打开，序列式的影像创造连续变化的场景，水平空间不同层次的交替产生空间的流动性（图8）。

2）垂直性体现

建筑师运用拼贴体量、开敞空间与通达路径给人以强烈的水平性感知，但三组竖向交通体系、竖向通高空间以及垂直光线引导则构成垂直性的空间体验。

阅读地下层平面，地下层与顶层间相连的三组竖向交通体系强调了空间垂直性的存在。方体、圆柱体将三层空间锚固在不同高度（图9）。东侧供女主人使用的直跑楼梯隐藏在贯通而上的书架后，区分公共与私密空间。使用者身处地下层时，来自楼梯间的光线引

图7　三种水平性空间表达

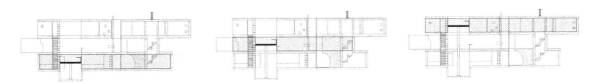

图8　地下一层水平性延展（左）　一层水平性延展（中）　二层水平性延展（右）

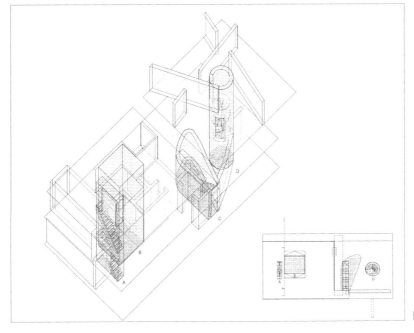

图9　垂直体系

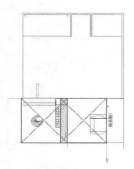

图 10　一层平面几何关系

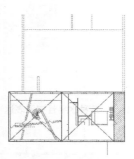

图 11　顶层平面几何关系

导人通向中间层。书架西侧可移动的升降梯是男主人垂直方向自由运动的工具。通高书架、竖向支撑轴和无扶手平台形成垂直向阅读。同时，围合的圆形楼梯螺旋上升，也是住宅垂直性体现的重要元素。正如亨利·博斯科在空间梦想中的描述，"楼梯从岩石间开辟出来，一边上升，一边旋转"[4]。从中间层平面可知，两个方形叠加形成两层通高的狭长虚体（图 10），并将通透的中间层与相对封闭的顶层空间在垂直方向上加以联系。升降梯空间是另一个虚体，当人在空间中体验时，虚体将视线引向地下层或顶层，避免人在均质空间中感到单调。圆柱形的旋转楼梯在中间层东侧暴露于室外，露台上的人会因其强烈的垂直形象产生到达顶层的好奇心。

阁楼的特性在顶层平面得以表达，光线将人的视线引向天空。垂直方向的虚体将子女与夫妇的卧室一分为二，保证各自的独立性，两个方体则并置处理（图 11）。与中间层三面围合的透明体不同，顶层空间犹如地下层洞穴空间的再现。升降梯、通高虚体、子女卧室北侧的天窗与相对封闭的箱体形成对比。阁楼的垂直光线也是地窖"黑暗力量"的一种反转，在空间上以垂直性阐释两极特性。然而在视觉感知上，垂直的虚体与交通体系消隐在水平体量之中（图 12），基于水平性与垂直性的复杂操作暗含建筑师精妙的空间构思。

形式生成

波尔多住宅体现了原始的力量、土地的气味与成熟的魅力。若将其与风格派建筑师作品进行对比分析，可追溯其形式生成的过程与本源。线性构成关系、不对称体量叠加以及整体性结构均体现了波尔多住宅与风格派的某种关联性。

线性构成关系是风格派的形式特征。无轴线、非对称，各部分紧凑动态的组织方式使人联想到蒙德里安的绘画作品。住宅的立

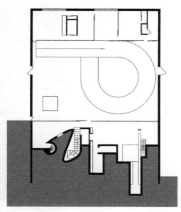
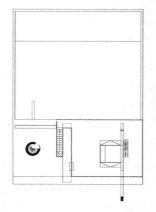
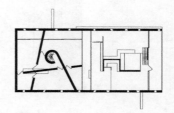

图 12　地下层平面图（左）　一层平面图（中）　二层平面图（右）

面形式与一层平面布局均运用风格派形式构成原型。也许施罗德住宅对库哈斯产生过重要影响，分析立面可知，住宅是由面（墙与楼板）和线（梁柱体系）构建的三维空间组合（图13），面与线以不同颜色区分为独立元素，筒体的旋转楼梯、垂直钢索与深色水平向混凝土箱体形成十字形构图。在南立面中，研究室北侧短墙伸出东侧边界，并与"L"形梁相交，短墙与西侧悬挑的箱体相互平衡（图14）。水平向体量与线性钢梁隐喻十字构图，东立面亦是如此（图15、图16）。然而在形式生成过程中，库哈斯回避板片穿插的方式，而是运用圆形母题将建筑加以统一：顶层体量表层设置不规则排列的孔洞，西侧院墙及顶层箱体西侧卧室立面嵌入可旋转的混凝土圆窗，筒形的旋转楼梯亦是形式构成的一部分。

　　体块叠加的不对称性是风格派形式生成的另一特征，波尔多住宅的非对称性形体构成有着明显的风格派形式印记。奥德（Jacobus Oud）参与改造的埃勒冈达别墅（Villa Allegona）（图17）是风格派首例采用自由平面进行不对称构成的设计。库哈斯熟知奥德的建筑操作方法——将体量从整体之中分离，使其在前后、左右之间不断滑动。对空间体量的强调同样在维尔斯（Jan Wils）的建筑（图18）中得以体现，其运用紧贴檐口的水平条窗增加屋顶的漂浮感，库哈斯或许从中得到启发。在杜伊斯堡（Theo van Doesburg）看来，范德霍夫（Robert van't Hoff）的亨利住宅（Henny House）（图19）非常契合风格派原则。基座之上的底层设置开放空间，阳光从三面投射入室内，阳台或走廊可俯瞰院子。立面上水平条窗之间的竖框是唯一的垂直性元素表达，与水平舒展的主导趋势产生对比。库哈斯似乎有意将亨利住宅进行某种当代转译——波尔多住宅的一层空间更加通透，可从四面观察周围的景观，但依然暗含垂直性元素与水平向体量的对比关系。

　　在结构体系上，库哈斯否定了柱子的主体性，并与结构师塞西尔·巴尔蒙德（Cecil Balmond）达成一致追求——打破传统稳定的笛卡尔系统：首先，消解平面对称关系，将一侧支撑点平移至平面以外的庭院中，打破静态构图，二层体量的一端被放置于梁架之上以形成动态感；其次，巧妙利用杠杆原理改变体量受力方式，将

图13　施罗德住宅

图14　"L"形支撑体

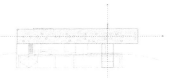
图15　北立面形式分析

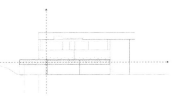
图16　东立面形式分析

图17　奥德，埃勒冈达别墅

图18　维尔斯，德·达布利·斯赖特旅馆

图19　范德霍夫，亨利住宅

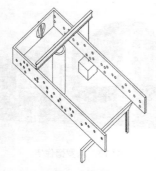

图 20 结构体系

物体底部支撑力与上部悬挂力于形式中得以呈现。在东侧，贯穿的核心筒刻意偏离中心放置以增加不稳定感。为重构力学平衡点，钢索被放置于平面之外并与埋入地下的平衡体相连（图 20）。

结语

库哈斯建筑哲学的不确定性与复杂性在波尔多住宅中均有所体现，形式消隐于场所、融合于结构、适应于行为。在建筑创作方面，库哈斯批判性地承继历史，以革新的姿态引领当代建筑思潮，其发人深省的建筑见解为形式生成与空间操作提供新的可能，并暗含其建立当代建筑范式的想法。

注 释：

1. 库哈斯与业主共同定义了住宅的意义，从人的关怀角度出发，体现当代视角下住宅的意义。
2. 参见：[法] 加斯东·巴什拉著 . 空间的诗学 [M]. 张逸 译 . 上海：上海译文出版社，2009：19. 加斯东·巴什拉在《空间的诗学》一书中，以诗歌的形象角度阐释住宅这一原型，是从人的心理上阐述住宅对人活动的影响，给人以安稳和幻想的场所。
3. 参见：[法] 加斯东·巴什拉著 . 空间的诗学 [M]. 张逸 译 . 上海：上海译文出版社，2009：20. 巴什拉认为，住宅在形象上用地窖和阁楼来表述垂直性，这种垂直性在思想上是由非理性到理性的过程。
4. 参见：[法] 加斯东·巴什拉著 . 空间的诗学 [M]. 张逸 译 . 上海：上海译文出版社，2009：28.

赫尔辛基当代艺术博物馆位于芬兰赫尔辛基市中心地段，西侧是国会大厦，东侧是伊利尔·沙里宁设计的赫尔辛基火车站，北侧为阿尔瓦·阿尔托设计的芬兰会堂，西北侧是老国家博物馆。美国建筑师斯蒂文·霍尔的设计方案在 1993 年的国际建筑设计竞赛中脱颖而出，新馆于 1998 年建成。

7 锚固与交织

——赫尔辛基当代艺术博物馆

　　芬兰赫尔辛基当代艺术博物馆是斯蒂文·霍尔的代表作品，建筑的形式、空间、细部设计与城市进行深度对话，通过一系列的设计操作使之"锚固"（Anchoring）于特定的场地之中。博物馆位于赫尔辛基中心地带，为靠近图罗湾（Toolo Bay）末端的一块三角形用地。通过对历史文化、自然景观、城市肌理、气候条件的系统性思考，霍尔将建筑有机地组织于城市、景观之中，并立足于知觉现象学进行空间组织，以此体现其"交织"（Intertwining）的设计理念[1]。

场地与场所

　　霍尔的构思以基地研究和地域文化背景为出发点：博物馆馆址位于赫尔辛基市中心位置，其西侧面向芬兰国会大厦，东侧有伊利尔·沙里宁（Eliel Saarinen）设计的赫尔辛基火车站，北侧与阿尔瓦·阿尔托于20世纪50年代设计的芬兰会堂遥相呼应，南面则是市中心古老繁华的商业街区 。霍尔将这座建筑取名为"Kiasma"，一个生理学术名词，指神经交叉网络，特别是指那些影响视觉认知的神经系统，这亦是霍尔设计概念生成的核心。建筑所体现的交织性在总图设计与体量组合中均可见一斑（图1）。基地位于不同城市肌理与网格交汇处，博物馆南部的城市肌理严格按照两套不同角度的正交网格排布，两套网格形成的城市界面包裹着场地所在的公共空间，并与图罗湾相连。西北方向——不论图罗湾水域还是城市肌理，均开始以渐变的方式呈现出有机的城市空间形态，博物馆位于各个力共同作用的复杂的城市肌理状态下，承担起协同城市空间的重要使命。霍尔将建筑南部处理为矩形体量，对应南部棋盘式的城市网格；北部逐渐弯曲，试图与场地东部相对自由的城市空间进行对话，并将建筑北部断面与国会大厦、国家博物馆及芬兰会堂在视觉上巧妙对位。在城市整体形态设计中，建筑搭建了由理性网格向自由空间过渡的桥梁，

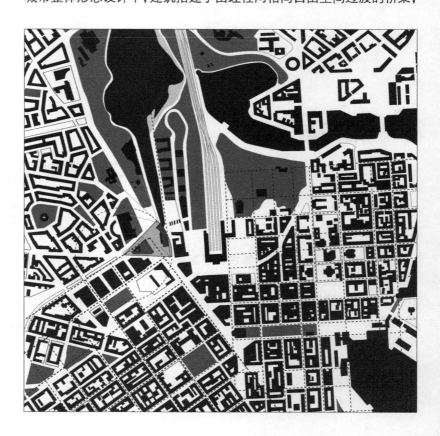

图 1　区域总图分析

完成了由正交体系向有机形态的转换。同时，霍尔将海湾岸线延伸，利用建筑体量之间的缝隙将水景引入建筑前广场，与建筑体量成咬合状态，形成集城市肌理、景观形态与建筑之间的胶着状态。霍尔让人坚信建筑的最终形式是各种力量共同作用与平衡的结果，并扎根于复杂的城市环境中，形成了锚固与交织的当代场所感。

"锚固性"还体现在霍尔对于当地自然光的充分利用。阳光在北欧地区的建筑设计中扮演了重要角色，通过对赫尔辛基当地气候条件的量化分析，以此作为形式生成的重要依据，构建符合地域特征的建筑形态。赫尔辛基地处北纬60°，夏天太阳高度角最高仅为51°，而冬天则可低至26°，阳光几乎可以平行投射。霍尔将建筑物的初始曲率设计成太阳在上午11点到下午6点之间运行轨迹的反曲线，以保证博物馆在营业时间内均有自然光线射入[2]（图2）。

赫尔辛基当代艺术博物馆依据场地的各种力量进行梳理与组织，使其超越功能性需求，从而成为该城市中心区的有机组成部分。霍尔试图发现建筑与所在场地的独特关系，作为形式生成的依据。

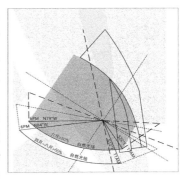

图2　建筑曲率与采光分析

形式生成

阅读霍尔的作品，可明显感受到其对于当代性的诠释，赫尔辛基当代艺术博物馆亦是如此。设计突出了建筑的体量感，将不同的建筑元素与构件统一于整体的形态之中，使其具有隼接于大地的厚重感与雕塑感，同时使建筑自身的形式充满张力。

图罗湾水系的延长轴与城市文化轴交汇于此，霍尔以绳结的方式将二者交织在一起，引入两个碰撞与穿插的条形体量对其抽象、还原，形成类似于DNA形态的图底关系；两个体块在南侧遵循城市肌理相互平行，并与地面垂直。相比于西侧与城市界面相呼应的规则性处理，东侧的体块在逐渐向北延伸的过程中向西侧弯曲，指向原有国家博物馆，喇叭形的端部处理亦将西侧的国会大厦与北侧的芬兰会堂纳入视线范围内，而弯曲的形式具有极强的视觉冲击力，其界面相对于直角边界更利于各层展厅天光的引入；矩形体量与曲线体量之间设置玻璃虚体，光线沿顶部天窗浸入室内。虚体在两侧实体的夹持之中向南延伸出入口雨棚，完成了中庭空间向室外的过渡性渗透（图3、图4）。

形式张力集中体现在建筑的南、北两端。建筑南端为博物馆主入口，中间的玻璃体量后退，西侧矩形实体向南突出较大，东侧实体略微外凸。西侧转角处穿插玻璃体量，如同体量外向拉伸后的痕迹，亦与中间玻璃体量彼此相嵌。雨棚东南角高起的片墙不仅是结构支撑，同时与两个实体边界共同围合出入口空间；夜间发光时则成为博物馆入口空间的标识与活跃元素（图5）。建筑北立面采用类

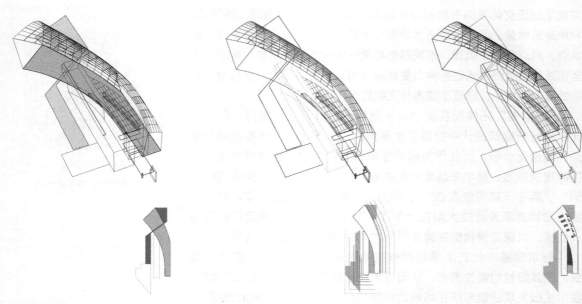

图3　形式生成图解

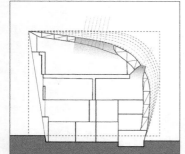

图4　光照与体形生成

似剖面的形式处理手法，流畅的曲线体量至此戛然而止，厚重的曲面金属表皮向外延伸，各层楼板与隔墙亦凸出于玻璃幕墙之外，将看似完整的立面进行碎片化处理，形成蒙太奇般的画面拼接，使得外部形式与内部空间得以完整反映，在感知层面取得室内外空间错位的趣味性（图6）。两体量交接处被精心设计，矩形体量的金属部分在楔入曲线体量时在其半透明的表皮上形成狭长的三角形凹槽，而矩形体量中的玻璃体插入曲线体量之中，曲线体量再次形成凹口，强调了两体量之间强烈的穿插印迹（图7）。

图5　博物馆入口

图6　北侧立面处理

图7　体量穿插

霍尔注重对多种材料的综合使用，营造多样的感知与体验。东立面的曲面墙体使用了统一的竖向条形金属板，使形态变化的墙体具有另一种整体感。建筑东侧立面的直线墙体部分，使用金属板与玻璃进行相对自由的拼接（图 8）。建筑西立面的矩形部分使用与东立面相同的矩形金属板与玻璃，与后者相比其材料分割的整体性更强。曲面墙体则使用半透明材料，在颜色上与金属板统一，同时如幕布一般柔和地映衬着前面的矩形体量。与东西方向立面不同，建筑南、北方向立面的材料选择变化幅度较大。南部入口立面在银白色金属体量之间插入深棕色铜板，材质对比将立面竖向分为三个部分，入口雨棚、片墙与支撑细柱均使用铜金属，形成明显的体量抽拉感；北侧立面亦使用黄铜和玻璃，与银白色的曲面墙体外表面形成极强的色彩对比，突出其类似剖面的形式特征。铜板的出挑使得玻璃、铜板与曲面墙体之间三面围合出多个虚体，使立面与环境之间过渡更加自然。

图 8　建筑东侧直线墙体

空间组织

1）路径与空间

"交织"的设计构思源于城市与场地的关联，同样反映在建筑的空间组织架构中。自主入口进入博物馆，视线沿着中庭两侧向北延伸，至坡道开始偏转，初始灭点消失，形成连续的逐渐移动的多重灭点，人沿坡道而行，体验连续的抬升与偏转过程，这与文艺复兴时期空间透视法所形成的静止空间的状态完全不同，具有动态透视的连续性，从而产生流动的空间体验（图 9）。在《视差》（*Parallax*）一书中，霍尔强调赫尔辛基当代艺术博物馆"十字交叉"的空间特点，通过空间的抬起、弯曲，多条流线在不同层面上互相穿插，形成流畅的视点与灭点变化，身体亦成为感知与度量空间的媒介。

霍尔认为空间中垂直或者倾斜的运动会丰富人的体验。空间的确定由知觉的不同角度形成，垂直以及倾斜的滑移对空间的知觉非常关键[3]。一层坡道末端的廊桥，设有连接不同标高展厅的螺旋楼梯、坡道和电梯，空间由之前缓慢的偏转状态瞬时转入垂直的纵向维度。二层的永久展厅是博物馆中最接近矩形的展厅空间，四个展厅之间的开口成斜向连续布置形成直线，增添了正交网格下的斜向元素以强调空间变化。中庭长轴两段均设有连接两个体量的廊桥，形成立体路径，同时分别设置楼梯与电梯，使人可以任意组合出多种可能的行进路线，又总能出乎意料地被带回中庭空间，并在不同高度以不同角度重新体会中庭空间微妙的趣味（图 10、图 11）。

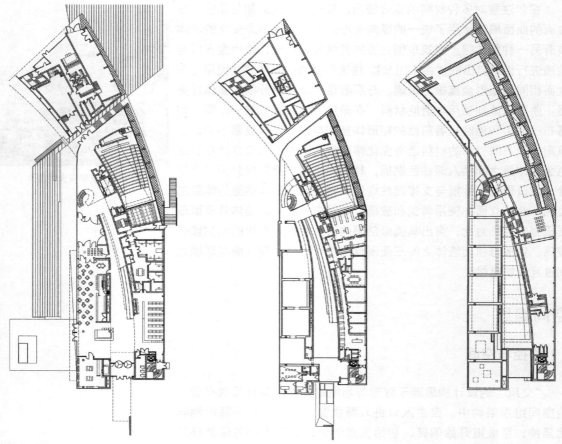

图 9 平面图

10 | 11

图 10 交通分析
图 11 坡道照片

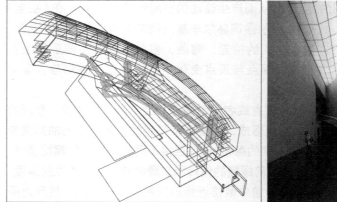

　　优秀的博物馆设计不但要符合当代艺术展品的特点与氛围，还要使其自身成为一件艺术品。巨型曲线墙体为室内空间带来戏剧性的空间效果，通过垂直界面与弯曲墙体形成夹角，构建丰富的空间体验；空间被赋予动态内涵，并成为当代艺术品理想的展示背景。

12 | 13 | 14

图 12　室内实景图（1）
图 13　室内实景图（2）
图 14　室内实景图（3）

　　"在时间中，空间被身体的移动感知。"[4] 在博物馆中，建筑的时间性被建筑师刻意强化。流线的拉长、空间的扭曲、视线的遮挡与通透、角度的变化均有迹可循。建筑中存在丰富的高差变化，电梯、坡道与楼梯形式各不相同，建筑自东南至西北的曲线轴上依次设置三个封闭楼梯，分别采用弧形、双跑与四跑楼梯，在强调端部空间节点的同时丰富人的空间感知；坡道的多次使用，顺应扭曲的空间形态，并增添了身体在空间中的往复，无形地拉长了行走流线。霍尔漫步性的空间组织与中国传统园林空间的漫游路径异曲同工，在不同空间之间进行视线遮挡，给人以停顿、休憩与发现的时间，二层南侧廊桥处的直跑楼梯侧墙使用减法切挖出梯形洞口，增加了到达楼梯前的空间层次与视线遮挡（图 12）；二层展厅的转换空间，霍尔有意在通道两侧设置墙体形成走道空间的体量感，而后通过对墙体切割形成局部视线通透，同时通过天花分割进行侧向采光，增添空间层次（图 13）；中庭中连接三、四层的曲线坡道意外地从曲线墙体中伸出，可达路径被隐藏于曲线墙体之后，一方面增添了中庭空间垂直方向的层次，另一方面给人以驻足、仰望与思考的时间（图 14）。

2）光影与空间

　　作为视觉的媒介，光一直是霍尔关注的重点。交织的概念同样体现在光与空间的相互关系中。为了迎合近乎平行的太阳光，中庭屋顶天窗倾斜设置，将光线引入室内，同时借助于内置第二道玻璃界面使光线更加柔和地浸入室内。这与阿尔托在伏克塞涅斯卡教堂（Three Crosses Church）中使用双层窗的处理方式相似，中庭成为承载光的容器，光线在两层玻璃之间反射与折射，形成漫射效果，柔和而均匀，朦胧而暧昧。建筑西北侧曲线墙面运用半透明表皮材质，次层级墙体作为展墙的同时，其上方与上层楼板脱开，光线经高窗均匀地洒向展厅空间；曲面屋顶的设计同样与自然光息息相关，在直接接受透射光的同时，改变自然光的路径，通过反射使博物馆下层亦可吸收自然光线。缓慢弯曲的屋面与室内墙体共同形成展室，正交体系与自由形体相交产生空间形状、体量的差异，自然光随即产生不同的入射方式。博物馆的曲面墙体使用桁架结构，桁架内外形成双层表皮，在独特的蝴蝶形窗处内外贴合，以曲面墙体为初始界面进行外翻与扭转，逐渐改变光的入射路径，使光线以不规则的形态投射至展厅内部。随着时间推移，律动效果产生，好像一件永恒的艺术品流动在连续变幻的空间中，与白色的混凝土墙体共同构成朦胧的意境，为观众带来视觉与心理的震撼（图 15 ~ 图 17）。

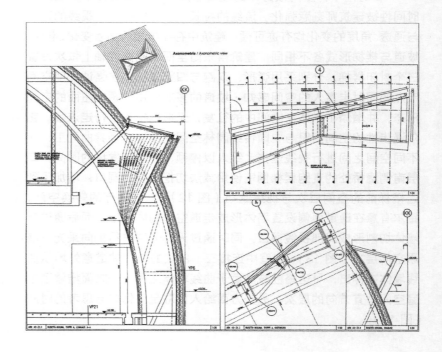

图 15　蝴蝶窗

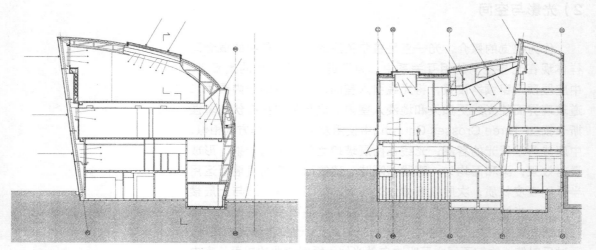

图 16　剖面分析

图 17 光影与空间

细部设计

霍尔在《视差》中写到"任何一个处于任何规模的可能相关的领域都要被探索,以此激发建筑创作;永恒存在于最细微的细节之中。"[5] 霍尔将密斯"上帝存在于细节之中"的设计思想辅以"感知"的理念,寻求将思想转化为情感的桥梁。在博物馆设计中,通过对尺度的剥离表现建筑的宁静,艺术品本身代替墙体,占据并构成了建筑的中间尺度;建筑的艺术性不以强有力的柱子、线脚和开启扇为载体,而更多地体现在细部之中,如门把手的形状、梯级的边缘以及玻璃板显露出的厚度[6]。从某种意义上说,建筑通过空间、材料和细部得以实现,如果忽略这些尺度,就等于忽视了真正带给人空间感受的元素[7]。

博物馆细部设计与整体保持高度协调,强调体量感与对比性。灯具设计延续了建筑形式的"交织"概念,在二维扭曲的同时进行三维穿插。门把手采用圆角处理,符合人体工学,黄铜材质具有厚重感。坡道扶手起始处亦使用黄铜,直线与曲线相得益彰,精细的金属从混凝土扶手后伸出,二者形成体量、色彩与质感的对比,从微观尺度凸显了感知的交织状态(图 18)。建筑南端入口处玻璃幕

图 18 细部设计

图 19　幕墙划分

墙的划分方式与蒙德里安构成有隐含的相似性，碎片化的拼贴处理与北端立面的划分形式异曲同工，呼应了霍尔对于城市蒙太奇式的处理方式（图 19）。

结语

　　"建筑是被束缚在特定场所中的。一座建筑物（不可动的）不像音乐、绘画、雕塑、电影以及文学那样，它总是与某一地区的经历纠缠在一起……"[8] 城市的肌理、自然的形态、多变的路径、丰富的光影均在赫尔辛基当代艺术博物馆中得到了巧妙的诠释。从宏观到微观，霍尔运用锚固与交织的思想与方法解释了环境和场所的内在精神，赋予建筑独属于此时此地的生命与特质。

注　释：

1. 方海 . 芬兰现代艺术博物馆 [M]. 北京：中国建筑工业出版社，2003：20.
2. 参见：梁雪，赵春梅 . 斯蒂文·霍尔的建筑观及其作品分析 [J]. 新建筑 . 2006，(1).
3. 施洛米·阿尔玛戈著 . 霍尔说 [J]. 孙思瑶译 . 城市·环境·设计 . 2013，072（06）：34.
4. 同 3.
5. 陈洁萍 . 阅读《视差》——斯蒂文·霍尔建筑思想研究 [J]. 新建筑 . 2003，(6)：65-66.
6. Frampton K. Steven Holl Architect. New York：Princeton Architectural Press，2003：202.
7. 李虎 . 与斯蒂文·霍尔一席谈 [J]. 建筑与设计 .2001，(4).
8. Frampton K. Steven Holl Architect. New York：Princeton Architectural Press，2003：202.

仙台媒质机构位于日本宫城县仙台市,由日本伊东丰雄建筑事务所历经5年半时间设计,于2000年8月竣工,2001年1月开馆。主要功能为图书馆、美术馆、电影院及相应的服务型设施。

8 非线性设计

——仙台媒质机构

当人类进入信息时代,以工业文明为标志的现代建筑思维方式与设计方法被重新评估。日本建筑师伊东丰雄在仙台媒质机构的设计与建造过程中试图以他特有的方式去撼动现代建筑的根基与核心体系。建筑在空间流动、消解等级体系、排除中心性、模糊边界等层面体现了伊东丰雄的当代建筑思维方式,他从自然中汲取灵感,运用非线性思维,反思传统建筑线性特征(图1)。他试图结合当代人的行为模式,追求空间的轻盈与不确定性特征。仙台媒质机构表达了伊东丰雄对自然的向往与对人性的尊重,通过建筑诠释当代文明进程。

图1　总平面图

概念生成

1）非线性

　　也许是有意识针对柯布西耶现代建筑五项原则，伊东丰雄以反问的方式提出了他的五点：不应有连接点；不应有梁；不应有隔墙；不应有房间；不应创造"建筑"。这似乎是一种典型的非线性思维方式，而非对建筑提出纲要性原则，是明确地表示在建筑中不希望出现什么。伊东丰雄认为现代建筑与近现代科学一样试图将整体拆零，运用"划分"的概念从事科学研究与建筑设计。这具体反映在建筑上表现为运用柱、梁、墙、间进行建筑功能与空间的界定。梁柱体系暗示了潜在的空间网格，梁的存在意味着以一系列墙体划分空间单元。他认为现代建筑机械地依据"划分"原理将建筑的整体性拆解成单元。原本存在于环境中的建筑亦被该方式将建筑与环境分离，从而破坏了工业文明以前建筑原初的整体性特征。

　　伊东丰雄以当代科学的视角反思传统建筑系统，试图以系统性的思考方式去消解传统等级体系中明确的中心与边缘，以及机械地以"间"为单位的功能分隔。在仙台媒质机构中，他试图建构充满流动性的空间，解构固有的梁柱体系，通过取消墙与间的分隔来实现对"制度之墙"的瓦解。依据人在空间中的自由行为模式创造类似于森林中的自然空间（图2、图3）。作为图书馆建筑类型的媒质机构，他刻意不去设计贯通的中庭与气派的门厅。在建筑与环境的关系处理上试图消解传统建筑的边界，以呈现空间的开放性与边界的暧昧感。如果说柯布西耶的建筑五项原则意

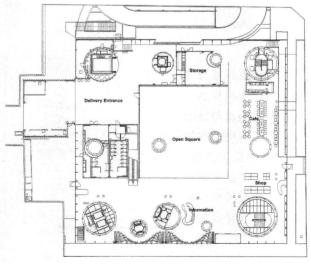
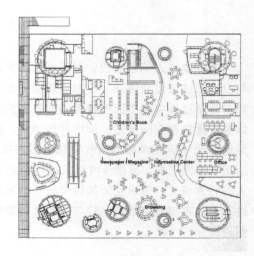

图2　仙台媒质机构平面图

味着现代建筑的起点，那么伊东丰雄的五点"不应"原则则反映了一种新的建筑观与设计方式。也许伊东丰雄的野心在于用仙台媒质机构去成就其在建筑发展史上的历史地位，建立当代语境下新的建筑范式。

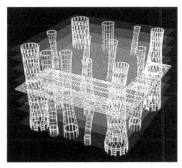

图3 梁柱体系的解构

2) 暂时性

伊东丰雄师承菊竹清训（Kiyonori Kikutake），在继承新陈代谢派思想的基础上，以批判性精神反思当代建筑发展趋势，针对日本社会现状，提出了"暂时性"设计理念[1]，这是对日本传统思想与文化的当代再现，体现了他对当代信息流动性、空间层次性、功能瞬变性等特征的慎重思考。参照罗兰·巴特（Roland Barthes）在《写作的零度》（*Writing Degree Zero*）中的理论进行解释，建筑不应是替内容预订秩序的盒子，相反，应是被内容决定、随内容而变换的"场"，或随着读者思想的漂移而临时呈现不同内容和意义的开放文本[2]。伊东丰雄"暂时性"设计理念体现一种动态的设计观：即建筑在其生命周期内，与瞬息万变的人与时代同步变化，呈现空间的高度灵活性和可变性[3]。研读他的其他作品可知，伊东丰雄运用超常的空间尺度与比例，使建筑抽象化，以均质空间的多元性与不确定性并增强其临时装置感。

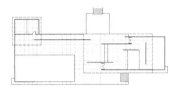

图4 巴塞罗那馆平面图

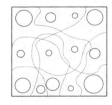

图5 仙台媒质机构自由路径分析

空间的流动性

仙台媒质机构的空间特征使人联想到密斯·凡·德·罗（Ludwig Mies Van der Rohe）的巴塞罗那展览馆（Barcelona Pavilion）。密斯通过墙体的错位与8根十字形钢柱构建了流动空间，柱网布局规整（图4）。伊东丰雄则运用通透的管状柱取代传统理性的结构布局与封闭的房间，建立自由的空间路径（图5）。现代建筑空间的确定性模式被否定，取而代之的是场所的暧昧语义。媒质机构被想象成一个树枝无限延伸的"自然空间"，"管状柱"是流动空间中的"奇异吸引子"[4]，象征着空间的"混沌"行为以及对人流的多样性引导（图6）。建筑以人流的非线性变化作为空间营造的依据，以自组织

图6（a） 仙台媒质机构管状柱与混沌空间

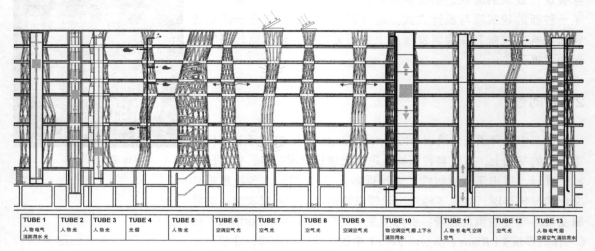

TUBE 1	TUBE 2	TUBE 3	TUBE 4	TUBE 5	TUBE 6	TUBE 7	TUBE 8	TUBE 9	TUBE 10	TUBE 11	TUBE 12	TUBE 13
人物电气 消防用水 光	人物 光	人物 光	光 烟	人物 光	空调空气 光	空气 光	空气 光	空调空气 光	物 空调空气 烟上下水 消防用水	人物书 电气 空调 空气	空气 光	人物 电气 空调空气 消防用水

图6（b）　仙台媒质机构中心镂空管状柱多义性

方式代替了有序的构建，将简单性表达与复杂性感知紧密地联系在一起。设计再现了人与社会、人与自然原初的对话，通过空间设计与建筑体验对复杂进化的世界进行了新的阐述。

传统的空间划分习惯于机械地将人的行为方式与特定功能分区相对应，而忽略了人的行为因时空变换而具有的模糊性与复杂性特征。伊东丰雄运用管状柱与家具布置来隐喻空间的功能属性，从而使人能够在空间中自由活动与穿梭，进而激活空间的多义性潜质；运用透明的方式界定建筑与外部环境，消解内外空间视觉界面，使空间的边界感在视觉和感知上降至最低（图7）。伊东丰雄基于非线性的行为思考，以空间开放互动为基点，在充满不确

图7　仙台媒质机构建筑边界的消隐

定性因子的暧昧空间中获取自我认同感。形态各异的管状柱通过不规则排列与自然布局，辅之多样的家具布置，在创造丰富活动路径与差异性空间的同时，为人群提供更为丰富多变的活动空间，赋予空间更大的自由性。根据人的行为方式设计的动态空间取代了传统建筑单调的功能分隔。虚拟的墙、镂空的柱、"无序"的路径与飘逸的形，汇聚成伊东丰雄所想展示的"空间流"，构建了传统空间体系无法企及的多义空间与场景。凭借屋顶安装的太阳光采集装置，镂空管状柱为建筑内部带来入射光线，确保了各层室内自然光线的充足（图8）。

图8　镂空管状柱采光

在仙台媒质机构中，伊东丰雄追求建筑的"轻盈性"，寻求"暂时性"美学特征，以形态有机、尺度超常的管状柱对室内空间进行划分，模拟有机形态，将主入口一侧管状柱呈S形波动排列，形成入口缓冲空间与多向性集散空间。通过采用家具组合而赋予各层建筑平面空间灵活性。空间采用与一般公共设施完全不同的方式组织，使用者可凭自己的感觉与判断确定空间的使用需求。首层为入口开放空间，设有小型咖啡厅与临时展区，围绕管状柱布置休息座椅，开展各种活动；二层主要为自由阅览区，通过流水型曲线界定书架与阅读区；三、四层为相对规整的图书阅览区，根据预设人流对三层进行家具布置，围合出密集与开敞的空间；四层为跃层，是安静的图书阅览区；五至七层为展示艺廊空间，借助家具与展板的安排，横纵向两个维度上诠释"暂时性"空间设计理念（图9）。

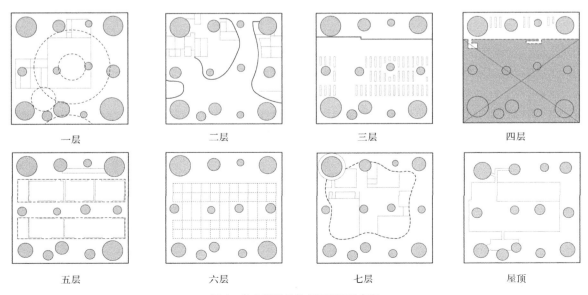

图9　仙台媒质机构各层平面示意图

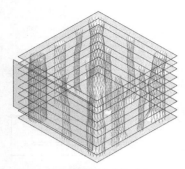

图 10　仙台媒质机构中海水与海草隐喻

图 11　玛丽亚别墅"森林空间"

漫谈形式

朗香教堂的设计灵感来源于纽约长岛的螃蟹壳，伊东丰雄曾说他的设计灵感来源于水族馆中观察海洋生物的情境。如果说，柯布西耶吸取的是容纳生命体的实体形态，以其特有的塑形能力造就了朗香教堂，那么伊东丰雄则是将生命体本身、滋养生命体的海水与容纳海水的容器所组成的系统机制作为设计构思的源泉（图 10）。

13 根管状柱的设计在某种意义上是对自然的隐喻。阿尔瓦·阿尔托善于捕捉自然，并从自然中吸取灵感生成形式。在玛利亚别墅中，他运用了一系列建筑元素模拟"森林空间"的意境，构建了室内的独特空间意境（图 11）。我们不妨进行一个有趣的类比，想象阿尔托与伊东丰雄同时漫步在森林中，阿尔托捕捉到的是阳光照射森林的空间意向，并将其运用到建筑内部空间；而伊东丰雄似乎拥有与阿尔托同等的诗性与智慧，他更重视观察人在森林中的行为路径以及整片森林与天地的关联性，进而提炼森林中树干的断面、叶脉的形态，然后，他会将所领悟到的整体认知与建筑进行类比，并试图运用当代的建构方式去生成形式，不同的时代与文化赋予建筑师认知建筑的不同方式。

仙台媒质机构亦会让我们联想到蓬皮杜艺术文化中心那种内脏外露的表达方式，也许是一种对现代主义建筑的"调侃式"反思，亦或是对机器美学的过分崇拜。蓬皮杜艺术文化中心似乎与"自然"无缘，仙台媒质机构则以另外一种形式呈现。当人在建筑外部行走时，建筑内部的结构体系、家具布置以及人的行为活动似乎以一种半隐半透的状态呈现（图 12）。伊东丰雄采用透明通透的"面纱"笼罩着内部肌体与骨架，有效的组织所形成的"空间流"给人一种整体而朦胧的感知。如果用机器形式来形容蓬皮杜文化中心的话，那么仙台媒质机构则可喻为"含羞草"一样的有机形式。

图 12　仙台媒质机构中心（左）与蓬皮杜文化中心（右）对比

结语

　　仙台市于 20 世纪的最后一刻关闭了一小时的圣诞照明灯，仙台媒质机构以透明的立体光照耀着整个城市，用以标志新世纪的曙光。难道这仅仅是一个城市在世纪之交的庆典吗？冥冥之中，这样的事件也许标志着建筑学科的重要转折点，意味着新建筑思潮的来临，隐喻着建筑在新纪元将以特有的方式找回曾经被遗忘的本真与混沌。仙台媒质机构设计中的非线性思考，以及对传统机制的反思对当代建筑创作具有重要启迪。在多元开放的时代，对建筑自身的研究固然需要，但更为重要的是将建筑与人类复杂多变的生活本真状态、自然的奥秘与广博的宇宙相关联，去升华建筑的系统性认知。

注　释：

1. Koji Taki. A Conversation with Toyo Ito. EL Croquis 123，Editorial el Croquis, S.L, 2005：123.
2. 罗兰·巴尔特 著. 写作的零度 [M]. 李幼蒸 译. 北京：中国人民大学出版社，2008.
3. 陈染. SANAA 建筑设计超平特征探析 [D]. 南京：东南大学出版社，2009：16.
4. 奇异吸引子是反映混沌系统运动特征的产物，也是一种混沌系统中无序稳态的运动形态。参见:孔宇航. 非线性有机建筑 [M]. 北京:中国建筑工业出版社，2011：18.

第二篇　有机空间

　　如果上面八个案例被视为现代建筑空间演变的经典之作，在某种意义上继承与反思了勒·柯布西耶所倡导的现代建筑精神并加以修正与优化，那么下面四个案例似乎代表了 20 世纪中建筑发展的另类传统，即建筑的有机性思考与人性关怀。在作品中，建筑师一方面回应建筑的现代性和当代性问题，同时关注建筑如何与自然深度对话、如何体现人文关怀等一系列问题，并构建了相对成熟的方法体系。

　　弗兰克·劳埃德·赖特（Frank Lloyd Wright）在流水别墅（Fallingwater）中通过对箱形的解体与重构强化了建筑与自然的对话。优美的自然环境、创作的自由、杰出的空间想象力及结构把控能力造就了一座时代的建筑经典。

图 1　流水别墅

　　柯布西耶从绘画中汲取灵感并由衷地赞叹现代工业文明的成就，而赖特则是从大自然中悟出了建筑之道，并构建了独特的建筑体系。如果说柯布西耶理性地创造了现代空间，如建筑五点、多米诺体系、雪铁龙体系、现象透明性等，他追求的是建筑的普世价值；而赖特则更像一介布衣随遇而安，天马行空、独往独来，仿佛建筑界的武林高手潜心练就成了独创的武功秘籍。

　　玛丽亚别墅（Villa Mairea）所呈现的是对现代建筑原则的修正。阿尔瓦·阿尔托敬佩柯布西耶，但更钟情于赖特的有机思想，不难看出二者对玛丽亚别墅设计过程的影响。有意思的是在项目开工之

图 2　流水别墅效果图

图3　玛利亚别墅

际，阿尔托看到了建筑媒体上刊登的流水别墅，竟动员业主重新选址，尽管未果，但可以看出他对流水别墅的心仪程度。特殊的北欧文化与地理环境造就了阿尔托的建筑特质。如果说一栋建筑能同时呈现现代精神、古典情结与地域文化，那么非玛丽亚别墅莫属。如今萨伏伊别墅与流水别墅早已成为建筑遗产，而玛丽亚别墅虽然对外开放参观，但是二层部分仍由库里森家族成员一直使用。

凡是去过布里昂墓园（Brion Tomb）的人都会由衷地对卡洛·斯卡帕（Carlo Scarpa）产生敬意。建筑师在一片玉米地里建造了建筑的丰碑，特有的神秘感、精致的工艺、唯美的细部与视觉的思考无不叙述着生与死的永恒命题。他以现代匠人的精神重现传统工艺，将曾经断裂的建筑历史重新续写。斯卡帕的建筑曾受到格罗皮乌斯、柯布西耶、赖特和康的赞许。然而他的设计方法却完全迥异于主流建筑方向。他花了约十年时间精心地营造这栋建筑。

恐怕很难有一座当代教堂的空间与形式让人如此难以忘怀，尤哈·莱维斯凯（Juha Leiviska）以建筑师兼音乐家的天赋营造了当代的"哥特式"教堂。光影是神圣的，形式是律动的，空间与自然层叠并相映成趣。神奇而美妙的天际线让人终生难忘，在这里天、地、神、人共存，所营造的场所净化着朝拜者的灵魂。

有机建筑在20世纪建筑发展历程中也许很难以连续的主线来描述，但却恰似以一条若隐若现的虚线一直存在着，而且随着时间的推移和人类对生态环境的重视，更具现实意义。其整体形式具有不可复制性，因此在解读的过程中更应关注空间生成与自然环境的关联性及人在空间中的体验。

图4　布里昂墓园

图5　缪尔马基教堂

流水别墅设计始于 1935 年，建于美国匹兹堡东南郊的密林中，一条溪流穿过建筑底部，总面积约 400m² 。流水别墅是弗兰克·劳埃德·赖特的代表作，2016 年被美国建筑师协会评为 125 年来美国最好的建筑。

1 现代的"棚屋"

——流水别墅

在记忆的深处，很难将流水别墅归类为一栋"完整的建筑"，似乎是隐匿于深山林海之中的穴居，在流水之上有几块飘逸、纵横交错的水平体块，叙述着该建筑的"现代性"。也许，这样的描写更能表达赖特有机建筑的内涵，建筑的"非完整性"恰恰体现了建筑与自然的不可分割性与有机性。同样，当阅读该建筑平面时，一片片平行于山体走向的厚重墙体既界定着内部空间，又刻意营造了内部空间向外溢出的可能性。

流水别墅集中呈现了赖特有机建筑思想的精髓，无论场所塑造、

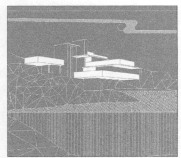

图 1　悬挂的水平板片

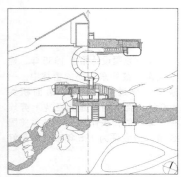

图 2　总平面图及分析

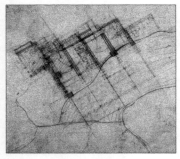

图 3　赖特草图

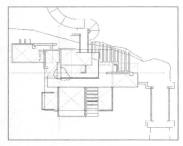

图 4　总体几何关系分析

流动空间还是有机形式均在现代建筑演化过程中扮演着重要角色。该建筑展示了现代人诗意的生活方式与自然情怀，建筑流露出的自然力量亦展现出赖特对自然世界的深刻体验、丰富的空间感悟力以及非凡的建构能力。在空间操作上，赖特试图解构传统的箱体，运用"错位"的艺术消解传统建筑的静态空间系统，构建室内外空间的流动体系。

平面解读

基地位于幽深峡谷中，山水之间的环境可谓得天独厚。赖特在此构建了一个边界性建筑：纵向上依据山势起伏拾溪而上，错位的墙作为结构支撑，并依托山体悬挂出一系列水平板块；平面上通过贯通南北的轴线使建筑的几何中心落在半圆形的室外台阶中央，赖特沿此轴线布置三条水平带，主体部分的二层主卧与客卧的东部带状悬挑平台，与三层卧室西侧的平台相互错位，北部的贵宾客房布局则在轴线偏东方向（图 1、图 2）。

由设计草图可知，赖特最初的意图是按照严谨的几何关系将空间垂直山体四等分，通过两端矩形体量旋转呼应山势（图 3）。然而这一特征并未延续，最终以平行山体的墙体层状排列并嵌入其中。赖特建立了趋于 1：2 的矩形空间、结构体与所有功能性空间（图 4）。矩形箱体的西北角，即壁炉的北部设置相对封闭的垂直箱体，自下而上分别设置厨房、次卧与学习室。而对空间的进一步操作则反映出赖特惊人的空间想象力：通过对箱体的拆解、体量的错位、墙体的移动，空间呈现连续流动的状态。

对平面进一步解读，一层矩形平面被拓展、南移，悬于溪流之上，形成双向流动空间。内部空间通过楼板进行"压缩"，透过连续玻璃界面向外溢出，而纵横向的悬挑平台似乎在尽情吸纳外部的"自然"。起居空间背靠山体，分别在东、西、南三个方向与环境对话。一层主体由方形几何界定，壁炉坐西朝东位于由石墩、石墙界定的端部中心，构成整个空间的视觉中心（图 5）。客厅内水平向下的悬浮钢梯巧妙地与流动的溪流建立互动关系。

二层平面相对完整地展现出箱体的边界。在此，赖特沿用其早年设计罗比住宅（Robie House）的空间策略，对箱体进行错位，以内部窄小走廊为界，体量被分割成两个错动板块，向各自的东西方向飘移，而该边界依次通过开窗、门洞、走廊与楼梯得以强化（图 6）。在功能上，东侧板块为客人卧室与室外平台，西侧为次卧室及其平台，中部南向为主卧与平台。三个卧室及各自连带的平台分别从东、南、西三个方向在环境中展开，从台阶设置可以看出三块板片的标高亦存在垂直方向的错位。

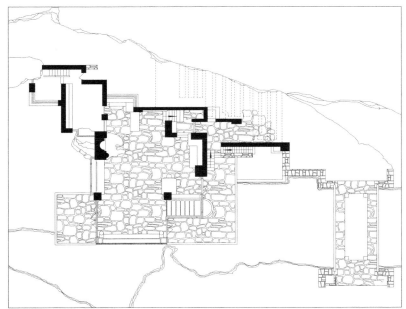

图 5　一层平面

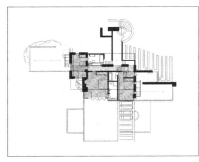
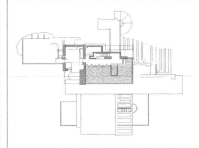

6 ｜ 7

图 6　二层平面分析
图 7　三层平面分析

三层平面从一层平面的核心部分局部升起，西北向围合的 L 形平面为主人学习与展览空间，东南向的平台界定原有的箱体边界，但整个体量被有意抽移。在此基础上，赖特通过延展、层叠、错位，构建了复杂的空间系统与现代形式。在概念上，他试图打破传统箱体结构，以人与自然高度契合的空间操作方式取而代之，建立兼具连续性与时间维度的空间；结构体系深度参与了空间的界定。在解读平面的过程中，除西侧含有厨房、卧室与书房作为一个完整的封闭箱体存在之外，石墙碎片沿等高线布局。空间沿山坡方向高度压缩，同时衬托了河边与河上建筑空间的释放，一张一弛之间，空间的流动与对比由此产生（图 7）。

空间操作

约瑟夫·里克沃特（Joseph Rykwert）在《亚当之家》（*On Adam's House in Paradise*）中写到，"亚当的乐园之屋（即第一个原始房屋）并非只是防风雨的栖身之地，而是以天国乐园为平面，以人为中心的灵魂之屋"，并多次强调"人与建筑沟通之重要"。[1] 赖特的父母信仰超验主义：城市文化被唾弃，林中小屋生活的美德被颂扬。赖特在流水别墅中试图建立人、建筑与自然的对话，在空间塑造中亦可觅得原始穴居或棚屋空间的印迹。

流水别墅的外部空间强调嵌入与交融。垂直的岩石砌墙嵌入山体之中，成为山体的拓展，浅黄色露台从石墙间挑出，水平空间渗透至垂直体量之中。巨大的挑台设置形成强烈的阴影关系，使外部空间流向挑台之间的空隙中。分析其内部空间，低矮的层高与原始的穴居相似，恰好符合人体尺度。建筑内部隐约存在一道划分空间特征的界面——北部以石墙为主的内向空间与南部玻璃围合的外向空间，两者一实一虚，一暗一明，一个私密一个开敞，形成空间效果的对比，亦是对原始穴居的隐喻与强化。

同样从平面中可以判断出赖特的空间构思。一层空间依托山体的内敛，试图塑造现代的穴居空间，东西方向延展的房间与墙片可视为对山体界面的定位，而三根墩柱的设置使空间向南部水流之上拓展，在此赖特强调了空间的水平延展性与安全感，构建隐蔽的"穴居"空间，使主人在周末度假时，可享受别有洞天的休闲氛围。尽管一层平面隐含网格控制线，但赖特更注重建筑元素的自由与散落布置，使人在空间不同部位获得不同的视觉感知。而壁炉与球状装置的设置更让人联想到远古时代人类为取暖而聚集在篝火旁的空间意境。

二层的三个相互错动的悬挑平台则是赖特基于外部空间与自然关系的构想。空间从底层卧室的收敛跃变成二层的"自由奔放"，三片挑台以卧室倍数的面积外挑——这一定是赖特空间构思中最令人兴奋之处，主人、客人在夜深人静时可尽情与自然对话，更像是现代的"伊甸园"。

在顶部设计中，赖特展开垂直性空间的形式构想。随着内部空间的收缩，氛围营造更注重建筑与苍穹的关系。塔的构建一方面可统筹整体形式感，另一方面使空间完美实现了从内置、开放到聚集的过程。在看似理性的组织逻辑下，赖特凭其天才般的直觉在空间的收放之间塑造了关于家宅的构思，试图以现代方式去追溯不曾受现代社会"污染"的原始梦境（图8）。

箱形解体是赖特构建空间的手段，其创新之处是碎化传统概念的盒子，使其压缩了的内部空间向外部释放，同时外部空间向内部流淌。这种碎化性是在建筑空间发展中质的飞跃，而参照系则是有机的自然环境。如果将建筑本身的平面关系还原，从最终的平面可推理出原有主体建筑部分的方形空间。平面隐含较为原始的十六宫格，以壁炉为中心，平面沿十字形发展为水平与垂直的立体空间形式。在别墅北侧，建筑边界随坡就势形成锯齿状布局，而在南部，

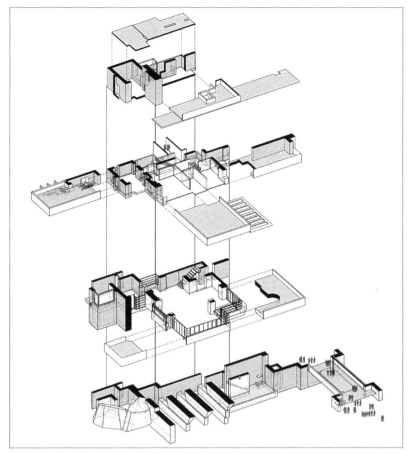

图 8 轴测分解图

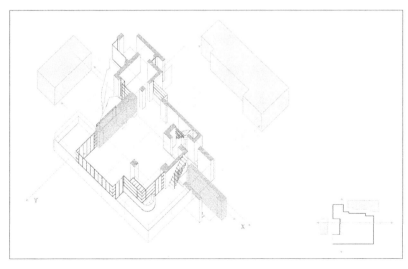

图 9 X 轴分析

建筑依据挑台位置错动并不断调整。如果用 X，Y，Z 三轴来说明赖特的箱形解体方法，流水别墅二层平台的各方向出挑表明了 X、Y 轴的突破（图 9、图 10）。最为精彩之处是 Z 轴的处理，将底层楼板

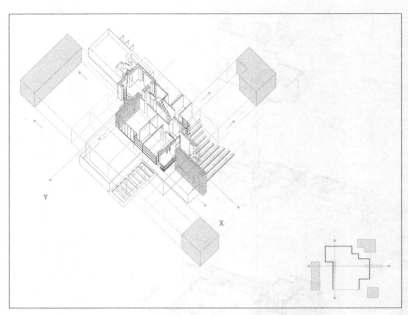

图 10　Y 轴分析

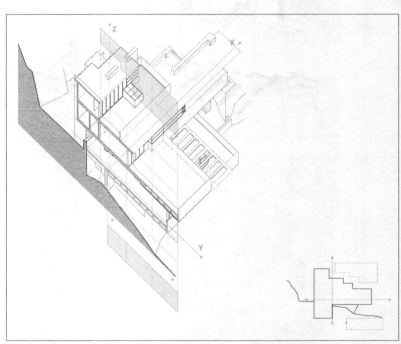

图 11　Z 轴分析

进行切割，用梯段向下延伸与溪水接触，将壁炉徐徐升起，冲破各层楼板与天空相连（图 11）。箱形解体建立在尊重自然与有机设计的原则之上，将光、水、山体、森林、空气巧妙引入建筑之中，同时亦十分注重空间的走向与视觉引导，使内部空间诗意地蔓延在大自然之中。

形式与建构

试将 20 世纪早期三个经典的别墅加以比较，萨伏伊别墅以纯净的形式呈现于世，玛丽亚别墅以谦逊的方式体现人性化思考，而流水别墅则以有机建筑形式带给人心灵的震撼与情感的共鸣。

从构成角度看，流水别墅以竖向体块墙片与水平挑台的组合依托山体、悬于流水之上。毫无疑问，赖特深厚的艺术修养通过建筑的比例、尺度以及动态的穿插方式在美学意义上无懈可击，然而这是相对浅层的形式解读。深度解读在于流水别墅形式背后所代表的关于人类生活方式的理想状态、形式生成的原初性以及如何使建筑的艺术形式与建构形式高度统一。路易斯·沙利文（Louis Sullivan）曾提出"形式追随功能"（Form always follows function），而赖特认为形式应该与功能合一。在具体的形式思考中，赖特更注重形式所表达的人类自由精神的内涵与地域性的诉求。在人与自然、安全感与开放性之间，赖特更关注如何构建完美而符合逻辑的形式生成体系。

赖特认为，延展的水平线代表人类生活的地平线，空间中的壁炉与其垂直的形式则代表人类对本源性的诉求。他曾说当他看到火在实体的石造壁炉中深度燃烧的时候，感觉很刺激。[2]也许这是他对自然、大地与能量的深度领悟。在这里，水平线或延展的平面、壁炉或垂直的体量已不是简单的几何构成，而是有机哲学思想的外在体现，或者说是赖特通过家宅对人类存在空间的本源性意义的现代解释。

流水别墅与罗比住宅类似，其安全感与开放性颠覆了关于传统家宅的概念。别墅背靠山体，山体则作为无限厚的墙体给人以天生的保护性心理安慰，赖特似乎本能地解决了别墅的安全问题。设计中垂直的形式元素被刻意强调，延展的水平挑台形式、连续性的动态空间与大量透明玻璃的使用则试图表达关于家宅开放与自由的设计理念。流水别墅的有机形式摒弃了折中主义形式的外衣，同时与以柯布西耶、密斯为代表的现代建筑形式亦保持一定距离。赖特以诗人的激情探讨有机形式，并以传统的匠人精神选择材料，对建筑界面与元素进行精心雕琢与细微刻画。赖特重视建造艺术，强调建造逻辑与诗性的表达。

具体从三个层面精读赖特如何运用不同的材料表现他心目中的有机形式。首先，别墅中的垂直性体量与片墙选择了片状岩石砌筑，并以复杂的、具有美学意义的方式进行排列组合，从而构建石墙界面。石材既是承重结构，界面处理又真实地反映了石材的特性，深灰色的质感强调了石材与山体的同构性，形成实体的、视觉的与心理的坚固性特征（图 12）；其次，在延展的水平挑台中，赖特充分运用钢筋混凝土良好的可塑性与结构稳定性进行大胆的结构性悬挑。为使楼板下表面保持平整，赖特将应位于楼板下方的支撑梁与次梁移至楼板上部，浅黄色与平滑表皮处理使巨大的水平挑台与深灰色石材呈现的垂直体量形成强烈对比。在此，赖特以他特有的结构天赋以及对混凝土材料的熟练操作，塑造了开放自由的挑台形式（图 13）；第三个层面是各种水平向空间界面的设计，赖特选择了玻璃与深红色钢窗框进行空间的围合（图 14）。他认为玻璃的透明性能够充分表达空间的自由性与开放性，同时考虑到结构合理性，部分竖向窗框实际为隐匿其中的结构窗棂，支撑着大跨挑台。角窗的设计、玻璃与顶棚的特殊处理均反映了赖特对细部的精心雕琢。围

图 12 剖面图

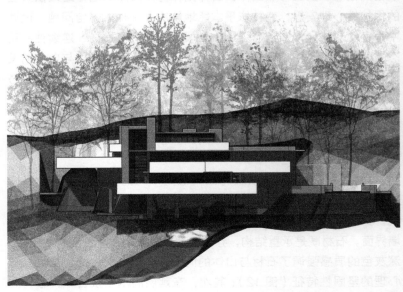

图 13 立面图

合的透明界面被深深嵌入到悬挑平台之内，在强烈阴影下，该界面从远处看几乎在视觉层面上消失。赖特通过材料的选择与色彩的渲染，表现内部与外部空间的交融、渗透以及连续的空间形态。

遍布别墅的阳台、栏板边缘均进行弧形处理，混凝土的柔和曲线与石材的粗糙墙面形成对比，圆角处理还能保持栏板与扶手的表面洁净。别墅主体与北侧贵宾楼通过半圆形通道相连，架于通道上方的混凝土雨棚亦值得品味——使用混凝土浇筑成台阶式的雨棚，只在圆弧外侧设置钢柱用于结构支撑，而台阶式的混凝土板既可加固自身结构，又能够强调通道本身向上的动势，是结构与形式的精美融合（图 15）。

赖特选择能反映各自性格特征的材料，以不同的建造与结构方式体现建筑的垂直性与水平性。在概念层面思路清晰，在操作层面逻辑性强，连接方式、细部设计甚至家居设计均反映了赖特对艺术形式与建构性表达的追求。

图 14　水平向界面设计

图 15　雨棚设计

结语

作为居住建筑，流水别墅摆脱了功能的桎梏，在视觉、听觉、触觉以及心灵上传情达意，体验自然。在空间内部，对于流水不见其形只闻其声，这种和谐共处的境界增添了隐居者无限想象的乐趣。人们渴望与大自然和谐相见，这源自潜意识的回归。流水别墅揭示了建筑的本质——自然中的遮蔽空间，遮蔽的"空"转化为栖身的"实"。如赖特所言："……遮蔽应该被看作是居住建筑最基本的要素……能让人回忆过去，回忆从无到有……"流水别墅与自然共生的有机理念为现代建筑寻得新的自我救赎，它可被理解为现代建筑演变过程中里程碑式的建筑。其与自然深层次的对话，反映出对现代人类生活方式的空间营造、对箱体的解构与重建以及对材料的忠实表达，回馈所处时空，为现代建筑的发展构建了新的模型。

注　释：

1.　参见：[美]约瑟夫·里克沃特.亚当之家——建筑史中关于原始棚屋的思考[M].李保 译.北京：中国建筑工业出版社，2006：198.

2.　参见：Christian Norberg-Schulz. Meaning in western architecture. New York：Rizzoli，1974：182.

玛丽亚别墅位于芬兰马库镇一片静谧通幽的山林，是库里森夫妇于 1936 年委托阿尔瓦·阿尔托设计的私人别墅，于 1939 年建成。

2 人性化设计

——玛丽亚别墅

图 1　总平面图

阅读阿尔瓦·阿尔托的作品，可以同时领略到传统的精华、现代的内核、地域的灵魂与人性的光辉。玛丽亚别墅坐落在一处松树林中，是阿尔托于 1936~1939 年间为业主库里森（Gullichsen）夫妇设计的住宅。别墅在空间组织、形式生成与场所精神层面均体现了阿尔托对现代理性主义建筑的批判性思考。设计重视内外空间的对立与统一，在不同尺度上生动地刻画了各类空间属性的特点。玛丽亚别墅不仅是阿尔托对现代精神的独特诠释，也是阿尔托自现代主义主线向其独特的建筑观与形式表达转变的起点。阿尔托在玛丽亚别墅中将现代主义与地方传统、大陆先锋与原始主题、朴素简洁与沉稳世故、手工业传统与工业化产品等看似矛盾的元素融合在一起。玛丽亚别墅的出现是民族价值观、艺术创作以及自然条件等诸多因素共同作用的结晶，奠定了现代斯堪的纳维亚的建筑设计走向。

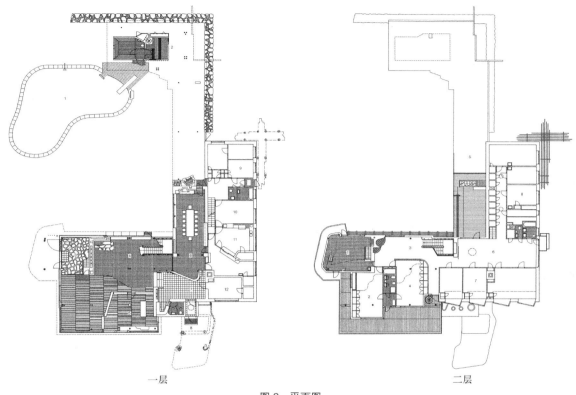

一层　　　　　　　　　　　二层

图2　平面图

空间操作

玛丽亚别墅在空间的流动意象设计、体量及光影变化等方面体现了阿尔托对现代理性主义的批判性思考与对古典、传统和自然的敏锐捕捉以及高度综合的能力。

1）空间组织

玛丽亚别墅属于边界围合的空间组织类型。原则上该设计是一个边界空间与体量的操作过程，运用L形体量围合空间，并由此展开设计。与立方体空间不同的是，通常立方体空间的中心、轴线隐含在内部，而该作品中心位于室外庭院。围绕室外庭院的边界围合性设计是作品的核心所在。

精读总图，可以清晰地看到两个图形，一是变形的方形庭院空间，另一个则是含有各种使用空间的L形体量。两者的叠加造就了丰富的庭院界面轮廓。继续深究，在L形东部的方形体量使两个图形在此定位，连结建筑主体边界与庭院西侧院墙边界，形成完整的

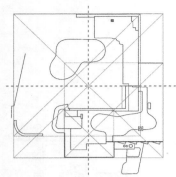

图 3　总平面几何构成分析

图 4　室内外界面分析

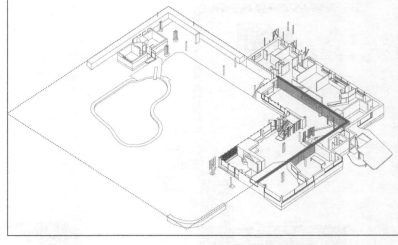

方形构图。其南北向轴线恰与嵌入别墅主体南部的正方形体量中轴线契合，而东西向轴线则通过餐厅与走廊之间的直跑楼梯进行暗示。细分室内外空间形态，西北侧庭院与覆土屋顶形成正方形构图，L形别墅主体亦暗示了方形构图的存在（图 3）。二者相互叠加，统一于整体的方形构图之中。

平面图中，曲线画室南侧边界与庭院边界相切，暗含了划分室内空间的界线，形成室外空间向室内空间的渗透（图 4）。餐厅北侧、桑拿房西侧的带型走廊强调平面中较为突出的南北向带状空间，具有较强的视觉引导性，同时划分了西侧起居空间与东侧服务性空间。至二层平面，南北向带状空间消隐，取而代之的是以曲线画室为端点的东西向家庭活动空间，形成主卧、儿童房等休憩空间与客卧部分的隔断，保证了使用者的私密性。叠加一、二层平面，两条带状空间相叠形成十字形构图，与别墅东侧由木格栅搭接而成的十字形构架形成空间的隐喻。

2）空间解读

别墅从各个角度对局部空间都赋予不同的性格与表情，但这些相对独立的空间品质并未对别墅与周边环境及其自身的整体性有任何削弱作用。由内而外、自上而下的空间整体性是通过一系列自然而有机的转折处理完成的。

沿道路前行，透过树林的视觉过滤，别墅的正立面映入眼帘。其白色墙面与原色的木材在阳光下形成鲜明对比，通向屋顶的白色旋转钢梯的设置呈现明显的现代性特征。随着距离的接近，熟悉的现代主义映像伴随着深色厚重的异形雨棚营造出家居的氛围。由此，雨棚形成了由室外环境向室内空间的自然过渡并与树枝编织的界面

以特有的地域语汇出现（图5）。进入别墅，内部空间以两条线索展
开，一条属于造访者，另一条则属于主人。造访者的视线被门厅中
央斜向矮墙上的艺术品所吸引，指向起居室壁炉的矮墙形成由入口
到起居室的视觉引导，访客由此进入室内主体空间（图6）。随着脚
步的前进与地面的抬高，庭院空间渐渐进入视野。与此同时另一线
索，由入口雨棚、门厅、餐厅、室外壁炉组成的空间序列则暗示着
主人对别墅入口的绝对控制。雨棚的曲线形态、门厅中央的矮墙以
及餐厅的壁炉等一系列非对称局部处理不断将轴线的中心对称性进
行消解，尤其是餐厅天花板的倾斜处理强调了室内空间与庭院的亲
近性。不同于古典建筑中结构对称的做法，所有的轴线暗示仅仅是
通过门廊上方的圆形天窗、餐厅入口门洞、餐桌布置以及餐桌上方
细长的灯具杆件完成的（图7）。

图5 入口雨棚的空间过渡

　　两条线索最终共同聚焦于庭院。庭院空间作为别墅不可或缺的
一部分，起到了将自然情趣引入日常生活的作用。就其形式来说，
阿尔托似乎更注重室内外空间的流动意象。阿尔托本人深刻理解了
古典绘画与建筑空间的关系。他对佛罗伦萨派画家安吉里柯（Fra
Angelico）的《圣母报喜》中所表达的现象学内容做出分析，指出
"室内与室外在印象上具有悖论般的可逆性：若将室内视为室外的体
验，那么室外便是室内体验的反映，而客厅则象征着屋顶之下的室
外开敞空间"。[1] 在玛丽亚别墅中，阿尔托在联系一层起居室与庭院
的界面采用了大面积玻璃窗和无底框的玻璃门，在餐厅处选择用长
廊作为通往桑拿房的过渡，创造了行为上往返于室内外空间的可能
性。"步入/出房间"这一动词化的意图在这里被视为空间体验的物
化表达，而不是对门或廊简单的视觉理解（图8）。至此，别墅形成
了由森林到室内再到庭院的空间互换性。

图6 门厅视线引导

3）流动空间的生命隐喻

　　密斯的流动空间是通过简洁的界面错位与切割叙述空间流动的
体验，而玛丽亚别墅则是通过情感体验建立起更为深层的流动性，
由螺旋而上的空间元素表达建筑师对生命的感悟。

图7 别墅一层餐厅

　　在玛丽亚别墅的设计中隐约可见屋顶花园的设计思想，餐厅之
上与主卧外的一层屋顶均使用乡土材料构建了屋顶景观平台。二层
屋顶则使用自由曲线的栏杆围合出儿童活动区。庭院通过直跑楼梯
与餐厅屋顶的木质平台相连，进而用垂直爬梯与二层屋顶的活动空
间相接，经过屋顶的自由曲线围合区域又通过位于主卧与儿童房之
间的旋转楼梯与南侧一层屋顶的木质平台相通。形成从底层室外空
间攀升至二、三层而后返回二层室内的儿童活动路径。自然元素并
未因建筑受到阻隔，相反，阿尔托以一种新的方式构建了穿梭于室

图8 起居空间渗透

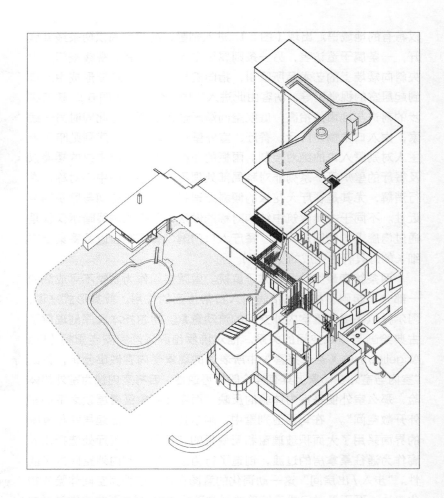

图 9　自然的渗透

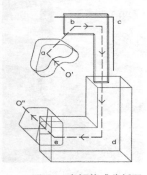

图 10　空间构成分析图

内外空间的活动体验（图 9）。

　　对看似复杂的别墅进行体量还原，我们不难发现它主要由卵形泳池、界定庭院边界的直角矮墙、连接餐厅与桑拿间的覆土屋面、"L 形"的别墅主体以及脱离别墅主体呈自由形态的二层画室五个部分组成。根据各个元素的安排及其顺次拓展开来的空间维度，可以清晰地识别出现代主义构图中点、线、面、体基本构成要素的空间与体量拼贴（图 10）。鉴于阿尔托在 1947 年"鲑鱼与山川"（The Trout and Mountain Stream）一文中的阐述[2]，自由曲线围合而成的泳池不仅源自芬兰蜿蜒曲折的海岸线，更象征着建筑空间起源于鱼卵般的原生状态，它低于地平面且通过水与大地融为一体。沿直角矮墙指引的方向取道廊下空间，转而进入建筑主体，则象征着卵在运动中成长为鱼的过程。这一过程在空间表达中是通过逐渐抬高的屋面、不断丰满的体量以及由乡土材料向现代工业构件的转变完成的。当空间延伸并收尾至二层西北角的画室时，一切体验与感知达到高潮。建筑师将画室体量轻轻甩出"L 形"建筑主体，并赋之以自由的曲线轮廓和深色的木板饰面，其下方的斜向钢柱虽不起结构支撑作用，但给人以画室悬浮于主体之外的视觉联想，从而使女主人用于艺术创作的空间具有了极为鲜明的性格，阿尔托以此象征生命成长历程的回归，即对生命中一切知性体验的感悟。此种以建筑空间螺旋上升隐喻生命体由物质起源到精神顿悟生长过程的设计手法在后来的珊娜特塞罗镇中心的设计中得以再次展现。

既然视建筑为有机的生命体，建筑师自然不会忽略个体与其周边生长环境的对话与图底关系。在玛丽亚别墅中，阿尔托在不同角度赋予了别墅不同的对话姿态。事实上，这取决于别墅 L 形体量的产生和它本身的空间特性。L 形是一种同时具有双重表情的几何形体，倘若它在角部向外一侧的表情是对周围环境的阳刚而干练的回应，那么在对内围合一侧的表情则是对环境做出谦虚的邀请（图11），这便使得庭院一侧的树林在对话中显得较为主动，而不是刻意要将庭院伸入树林。

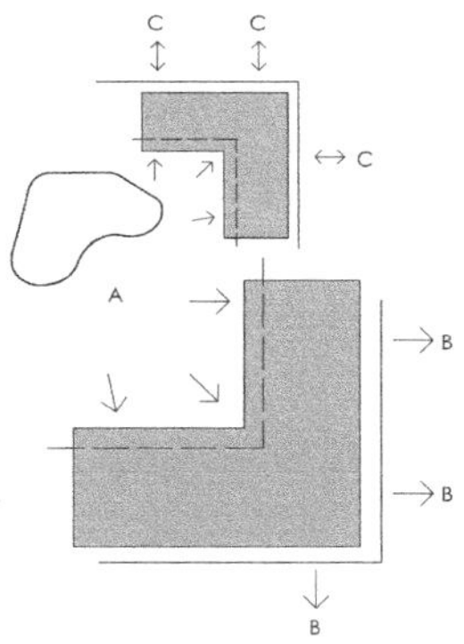

图 11 L 形体量特征分析

形式生成

1）方案生成分析

分析阿尔托的绘图手稿，可以求解玛丽亚别墅形体生成的演化过程。建筑与景观、实体与庭院的图底咬合关系在不同阶段的设计手稿中均较为明晰。别墅主体一直采用 L 形体量，向西北侧形成开敞的庭院空间。设计前期阶段分别利用棚架、单层体量在西侧与北侧围合庭院空间，水池则设于庭院的视觉焦点，成为庭院空间的构图中心，此时餐厅与室外更衣室连线形成的南北向轴线空间已初具雏形，其东西两侧分别布置开敞的起居空间与辅助空间（图 12a）。随着设计优化，院中水池与树丛取代北侧的单层体量形成庭院的北界面，西侧棚架继续保留，与更衣室体量相呼应。主体 L 形体量外轮廓更为清晰、整体，南侧部分嵌入矩形体量，与 L 形东侧矩形之间形成别墅主入口。通过餐桌布局等细部处理进一步强化"餐厅—室外更衣室"轴线空间，突出其融合室内外空间的效用（图 12b）。之后阿尔托进一步调整了 L 形两部分的比例关系与内部空间的划分（图 12c），至别墅最终方案，阿尔托更注重建筑与周边环境的交融关系，取消了西侧棚架的同时，原有近乎围合别墅全部边界的矮墙也随之消失，只留下东北角桑拿房边的直角矮墙与西南角的弧形石墙，隐约流露出对于庭院空间的限定。随着庭院围墙以及其中构筑物的减少，卵形水池自然成了庭院的中心与焦点，并通过木甲板与桑拿房相连，进而通过餐厅屋顶与别墅主体形成统一整体（图 12d）。

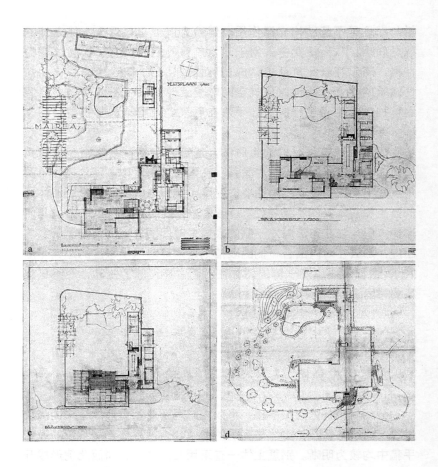

图 12 方案生成草图

2）几何形式分析

  将建筑形体精简或抽象到近乎无以复加的程度，是早期现代建筑的一个重要形式特征。然而，阿尔托对自然具有近乎古怪无常的追求，并尝试在别墅中建立另一套几何秩序。根据尤哈尼·帕拉斯玛（Juhani Pallasmaa）的图解分析（图 13），"这个遵循正方形网格体系的平面乍一看实在令人惊奇"[3]，然而通过分析，我们发现阿尔托的真正目的在于首先建立一个理想的抽象几何形式，随后根据人的行为、视觉感知与心理需要再将其修正，从而构成另一套隐含其中的行为视觉体系，以达成在空间设计上对自然的引入与对人性的关怀。

  除了主体的 L 形体量可以被还原成一个理想的正方形，由矮墙围合而成的蒸房和泳池部分同样也遵循这一原则。阿尔托在整体构图上将其向西移动 1/2 单元，向北移动 1/4 单元，使之脱离规整的网格系统，游移于庭院与松林之间，形成由人工向自然的空间过渡。蒸房与泳池之间的木甲板被有意处理成斜向 45° 的纹理，使得该部分与原有正方形在基本坐标上相互协调。甚至连卵形泳池在正方形

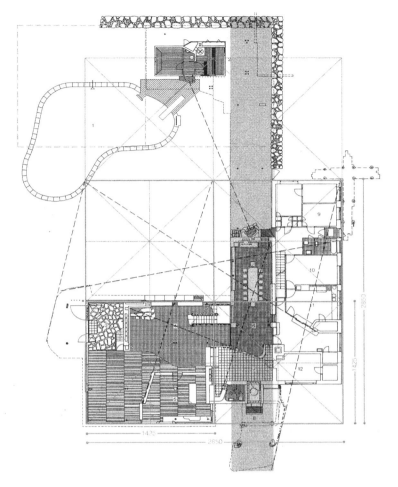

图 13　平面几何图解

的一角上也被精准地定位，来自二层画室轮廓的斜线和由厨房穿过餐厅的视线同时汇集于该点，从而在西北方向以视觉和心理的双重暗示界定了隶属于别墅的庭院空间。

　　此外，各个空间元素间也存在大量引导性的线性对位关系：入口门厅矮墙的延长线指向起居室的壁炉的角部；衣帽间一边的斜线指向由餐厅到室外长廊的出口；被扭转的室外壁炉正对蒸房的入口，而蒸房由于私密性被置于起居室空间的相反方向，使得蒸房与起居室的活动既联系又相互独立……总之，大量的片断被强有力地聚集为一个整体，灵巧的扭曲、斜向对位和曲线形态的出现在网格秩序中有效地创造了适应人的心理和行为需求的对位法则，像是在矩形内部形成的涡流。关于此，阿尔托曾在文章中写道："遍布山丘的城市，曲线的、生活化的、不可预测的线具有数学家无法测量的度，对我来说却是使粗鲁的机械化与诚挚的生活美在现代世界中形成鲜明对比的一切事物的化身。"[4] 除了出于自身情感上的表达，它们同样有助于形成一个轻松的、非正式的生活氛围。

图 14（a）　周边树林光影

图 14（b）　一层书房隔墙光影

图 14（c）　室内引入森林空间

图 15　平面构成图解

场所性

1）森林空间

　　芬兰拥有众多湖泊、蜿蜒曲折的海岸线和广袤的森林资源，气候寒冷，冬季日照时间短暂（图 14a）。独特的地理气候条件是阿尔托创造力的源泉，别墅与自然的对话存在于室内空间对周围森林空间的光影、色彩、韵律的引入与模拟。雨棚上方墙面上设置一组横向长窗，端坐在餐桌一端的男主人的视线正是通过它远视远处树林，由内而外，空间层次丰富而连续；在划分书房与客厅空间的书架上方，以富有节奏感的曲面板材和玻璃阻隔声音，在灯光照射下透出森林悠远而神秘的意境（图 14b）；安排在楼梯两侧不规则排列的细木柱亦颇有步入森林深处的暗示，使人在通向二楼卧房的运动中获得置身于森林深处的静谧之感（图 14c）。此外，与起居室开敞而松散的平面布局相比，位于一层东翼由厨房、卫生间、储藏室等房间构成的服务区域则显得相对封闭和紧凑，它不仅体现了阿尔托对于服务用房"最低限度生存空间"的经济立场，其疏密有致的排布方式甚至可以看作是对室外矮墙中石块不规则砌筑肌理的借用与延伸（图 15）。

2）乡间农舍

　　设计从传统乡间农舍的空间布局和木材构法中汲取设计灵感。以入口处的雨棚为例，曲线布置的细柱像面纱一般在访客到达方向与垂直进入方向间体现出温和与欢迎的态势，而几组承重柱在形式上则无一重复，尤其是离门最远处的一组，以藤条捆绑并斜向交叉的承重柱，其材料和形式直接来自于传统农舍（图 16a）。建筑东侧，简单搭制的十字形木棚架一面在白色墙面上投下欢快的影子，一面指引着由庭院通向森林的小径。如果在建筑的外部能够感受到对比产生的美，那么置身于庭院时，廊上由原木相接而成的扶手以及倒挂在廊下布满青苔和锈渍的排水沟俨然已经自然到让人忽略所处的时空了（图 16b、c）。此外，在庭院一侧极不

图 16（a）　入口雨棚结构 　（b）　餐厅屋面处扶手 　　　（c）　廊顶下方的排水沟

显眼处，完全仿照传统样式制作的门锁装置也彻底模糊了我们对一座现代建筑的认知。在这里，边界似有似无，存在的只有乡间野趣和心灵深处对大自然的向往。阿尔托对自然和传统的引入使别墅仿佛从泥土中成长出来，探索出一种极具地域人文色彩、更重视人类心理需求的设计语汇。

建造逻辑

1）非标准化

与同时期的现代建筑师一样，阿尔托在其早期建筑创作中就已表现出了对功能主义与标准化的关注。但当功能主义与技术至上转而成为时尚与流行时，阿尔托则渐渐对其产生了怀疑与批判的态度。

这一转变在玛丽亚别墅中已经有所反映。找遍别墅所有的空间与细部处理，除了由阳台通向屋顶的旋转钢梯是批量生产的成品构件以及餐厅外墙所贴的蓝色面砖外，再无任何其他出自工业标准化的痕迹。即便是室内的灯具、家具甚至花瓶，建筑师也都是一一根据空间氛围的需要进行特殊设计。

在结构表达方面，阿尔托尝试避免体验上的雷同。坐落在理性正交网格上的柱子被赋予极为感性的形式表达，受力的同时或被轻巧地分解为两个或是三个一组，或被墙体、壁柱取代。细柱的中间部分或被藤条绑扎或以竖向榉木板条饰面，其形式一面隐喻了古典柱式的三段式分割，一面又极力以自然材料的色彩与纹理避免古典柱式统一肃穆、繁复造作的装饰性表达，同时亦是对人类触觉体验的细部表达（图17）。

图17　一层起居室结构柱

2）细部拼贴

玛丽亚别墅中大量片断式的细部极具建筑的复杂性，但同时这些片断的综合又保持了整体的自律性。与依靠标准抽象的解决方式相比，阿尔托更倾向于对物质要素独特体验的把握。尝试在空间中添加不同主题、风格、材质的物件，甚至将其并置，就如同画家将各种色彩、光影组织于画面之中一样。

正门上整齐排布的圆形小窗给人以聚焦和秩序感的强烈印象，像树枝或根的铜把手好似要将人引入一座农舍，而铜把手和上面的绿锈则很类似亨利·摩尔（Henry Moore）和恩斯特（Max Ernst）的雕塑作品。进入到室内，源自木头弯曲实验的家具与挂饰随处可见，并到处弥漫着建筑师对木材的钟爱。

受立体主义画派的影响，西方传统起居空间中的壁炉也成为

图 18　一层起居室壁炉

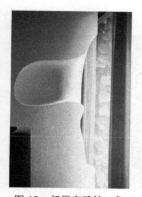

图 19　起居室壁炉一角

图 20　墓碑一角

了阿尔托拼贴手法的对象（图 18）。与将壁炉宗教仪式般置于空间轴线的传统做法不同，阿尔托将其传统中心性打破，针对不同行为活动的目的将壁炉分置在不同的空间中，并通过材料处理与火炉上方的摆设赋予它们不同的性格特征，它们毫无例外地被分别置于各个空间的角落，略微转动朝向它们各自服务的空间，形成了极强的视觉聚焦。在一层起居室壁炉一侧的减法雕塑设计中，情绪化的细部使得墙面转角看上去不那么笨拙生硬，形状本身极具女性身体的暗示（图 19），又仿佛是汉斯·阿尔普（Hans Arp）雕塑的倒模，阿尔托在 1935 年设计的墓碑上也用到了类似的手法（图 20）。此外，在位于一层端部的花房暗示着日本传统美学对阿尔托拼贴方法的影响。

　　玛丽亚别墅成功地表达了阿尔托关于建造"一座片断式建筑"的想法，无数细节被合成为人穿越空间时具体化的感知。真实的体验就如同在森林中漫步，没有事先安排的秩序与因果关系，没有指定的中心，体验者自己才是移动的中心，环境随连绵不断的观察和体验而展开。在这里，一切形式均可以为建筑师所用，每一处细节都暗示着自身作为建筑语汇的多义性，对别墅体验的整体感知与现代建筑所盛行的视觉控制形成了强烈的反差。

结语

　　玛丽亚别墅被视为早期现代建筑的经典之作当之无愧，标志着阿尔托由现代主义主线转向民族浪漫主义的起点，代表了阿尔托建筑生涯的高峰期。其所散发的魅力使业主库里森夫妇的孩子克里斯汀从住进别墅的那一刻起便放弃了长大做一名巴士司机的梦想，最终也成了芬兰著名的建筑师。建筑不仅是时代技术力量的体现,更应是地区与民族的文化象征。在玛丽亚别墅中,阿尔瓦·阿尔托体现了作为一名建筑师在正统西方现代建筑与地域民族浪漫主义中寻求转译的设计智慧。玛丽亚别墅所唤起的意象融合了强烈的现代精神、质朴的乡村建构、精心的审美安排与宁静的田园生活。

注　释:

1. 参　见:Juhani Pallasmaa. Alvar Aalto:Villa Mairea, 1938–1939[M]. Helsinki:Villa Mairea Foundation, 1998:87.
2. 参见:[美]肯尼斯·弗兰姆普敦. 现代建筑:一部批判的历史(第四卷)[M]. 张钦楠 译. 北京:生活·读书·新知三联书店, 2012:221.
3. 参　见:Juhani Pallasmaa. Alvar Aalto:Villa Mairea, 1938–1939[M]. Helsinki:Villa Mairea Foundation, 1998:80.
4. 同 3.

布里昂墓地位于意大利北方小城特勒维索附近的圣维托，毗邻圣维托公墓。1968年布里昂夫妇委托卡洛·斯卡帕进行该项目设计，项目规模从最初的1000m²，最后被扩充至2200m²。项目建成于1978年。

3 诗性的空间

——布里昂家族墓园

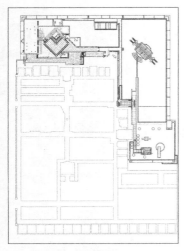

图1 总平面图

布里昂墓园位于意大利北方小城特勒维索附近的圣维托，占地约2200m²，呈L形。主要由五部分组成：山门、冥想亭、夫妻墓地、家族墓地和小礼拜堂。墓园有两个入口，一个经公墓到达墓园的山门，另一个通向小礼拜堂，场地以L形环抱公墓。

场所塑造

卡洛·斯卡帕似乎遵循着从局部到整体设计的推导方法。首先，他将L形场地分为三个部分（图1）：位于南部的方形场地以静思亭与水体为主题进行构思；位于东北部的矩形场地以夫妻墓与草坪为主题进行设计，并在其西南角布置了重要的山门；而位于北部的横向矩形场地则是以小礼拜堂和家属墓为主题，水景与草坪以地景的方式呈现。其次，他将 L 形场地的内侧作为引导路径与视廊。路径的错位与转折、室外通道与室内廊道彼此穿插形成了丰富的空间体验与视觉对景。设计以不断变换的围墙形成多样统一的墓园空间与形式：倾斜低矮的墙、垂直升高的墙、错位的墙以及转角"喜剧性"的节点处理形成了片段式的印象。

如果从整体性的视角进行解读，斯卡帕将 L 形空间最重要的转角位置设置了夫妻墓，而在两端放置了小礼拜堂与静思亭，非常巧妙地运用了 L 形室外空间的几何性进行了系统的考量，并且使三个节点成为各个领地的几何中心与视觉焦点。而就建筑形式的选择而言，小礼拜堂作为一个实体的空间形式表现了现世的生活，夫妻墓的形式代表了隔世的未来，静思亭与水面景观则显示了人对遥远历史记忆的缅怀。可以看出斯卡帕试图通过场景的构建呈现历史、现在与未来交织的建筑之梦。在界面的处理上，L 形内侧界面的复杂性与外侧围墙的严谨与规整性形成了明显的对比（图 2）。从平面图上可以感知弗兰克·赖特对斯卡帕的重要影响：空间的流动性、方形与菱形几何空间的组合、错位的墙以及水平的延展性，还有东方园林中的视景编排（图 3、图 4）。

图 2 L 形内外界面的差异

图 3 九宫格网格体系下的 L 形场地

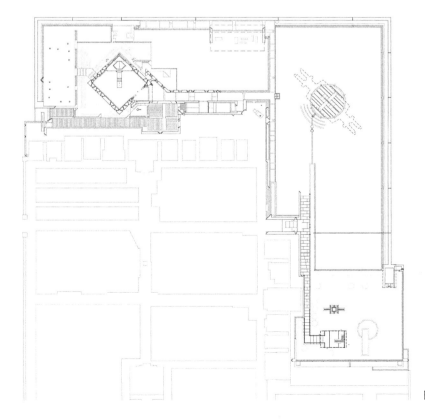

图 4 平面解析

路径与视景

斯卡帕在 L 形场地上展开路径设计与视景构思（图 5）。沿着公墓由西向东的中轴线端部设置主入口，位置处于场地东侧矩形的中部，依据现状将边界墙体进行左右错位处理，从而形成山门通道。在山门台阶的北侧墙体被有意识地降低，从而在视角上向北看可以瞥见夫妻墓的一角（图 6）。墓园中的主角以若隐若现的形象呈献给观者。沿台阶而上是建筑师常用的神秘符号：交叠的双圆。在这里似乎预示着进入天界的门槛，从而进入斯卡帕构建的理想乐园。

南北视廊内部，向北引导人们到达夫妻墓地；向南则可进入水池中的冥想亭。廊南北两侧采用了不同的开口形式（图 7）：北侧稍稍向上放开，将人的目光引向正前方远处的山脉，村庄的屋顶、教堂的钟塔、近处农田景观以及夫妻墓地依次呈现在观者眼前；而通向冥想亭的南侧开口则为下行设计，配合其后的墓园高墙，有意识地将人的目光收束在近处，塑造出与北侧完全不同的视景——"一个静逸、私密的冥想空间，因为在水池中有一个更加私隐、奇妙的窥视空间等待着观者去发现，而在那里他们将会感受到斯卡帕对于生命的称羡。"[1]

水池之上，一座钢结构的亭子面向远处的夫妻墓。在这里，建筑师暗示人们可以静坐以凝望先人之墓，故亭子在人站立时的视高处做了遮挡，仅有一处缝隙和双圆孔洞可以凝视外部。静思亭四个

双人路径：1650mm
单人路径：600~800mm
路径节点

图 5 路径分析图

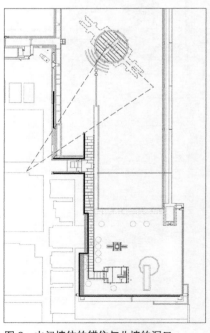

图 6 山门墙体的错位与北墙的洞口

纤细的钢柱错位排布，被拆解成为两段，9cm 宽的柱子经过构造做法上的精致工艺分解为四个 3.5cm 宽的小柱子，中间 2 cm 的空隙营造穿透通灵之感，结构整体因为转折和通透而体现出飘浮感。静思亭上部，90cm 宽的木板以不规则却极其优美的方式排布，用 35cm 宽的深色木材调整用以误差（图 8）。

图 7 南北不同的开口

走出视廊北端，穿过草地，沿着窄小的路径坡道下行直到低于墓园草坪 70cm 的标高处，在此过程中墓园景致产生了微妙的变化，夫妇棺椁慢慢地"淹没"在草地中，观者会意识到看似平整的草地实则微有起伏（图 9，剖面 A–A）。

家族墓以倾斜矩形体的形式嵌入在草地中。其侧面设有狭窄的洞口使观者以谦卑的姿态进入。在家族墓内部，开敞的南部和狭长的顶部洞口将光与风引入空间（图 9，剖面 C–C）。走出家族墓，内廊和围墙将人的视线禁锢在庭院内部，该部分草地标高降低了 20cm（图 9，剖面 B–B）。观者在此游览，获得的视觉印象尽是庭院景色与家族墓和小礼拜堂的建筑对景。小礼拜堂沿横向主轴旋转 45°，北侧为祭台，内部空间光塑造了独特的宗教氛围。主导性的光线来自祭台之上的天光，天窗呈金字塔状，表面是斯卡帕标志性的锯齿线（图 10）。穿过日式双扇门，11 棵 9.5m 高的柏树映入眼帘，此处是教士墓地。至此，观者折返，从西侧走出墓园，完成了完整的空间与场景体验过程。

图 8 静思亭轴测分析

在墓园近乎空旷的场所中，斯卡帕通过对路径高差和形式变化的敏感设计表现出空间景致的丰富性，完成其隐喻性的表达。他将路径的延伸同视域的导引相结合：在何处收缩或放开景域，如何将光线或风景交织到景域中，如何引导观者欣赏等均在其掌控之中，从设计草图可以看出他对这些问题的细微研究。最终，路径通过转

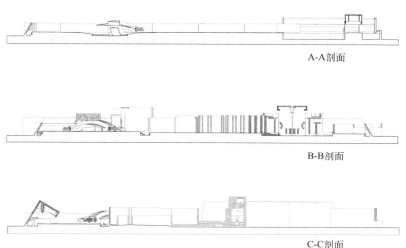

A-A剖面

B-B剖面

C-C剖面

图 9 视线分析与剖面

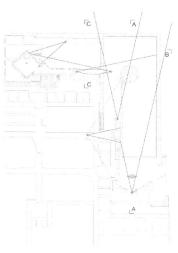

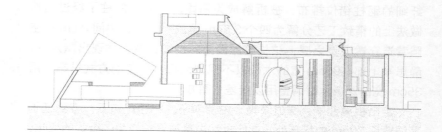

图10　小礼拜堂剖面图

图11　入口双圆图案

折、起伏、停顿，对人们的视知觉产生影响，进而使观者与空间在情感层次进行交流，营造了具有诗意的墓园景观。

象征性

在墓园中，入口处的双圆图形、夫妇墓的墓穴和墓园中颇具深意的水池无疑是斯卡帕进行诗意表达的重要象征元素，隐含着丰富的建筑语意，引发了对于生与死命题的深思。斯卡帕认为死亡并非是另一段永恒生命的开始，而是像被补足的存在的半圆那样，经过它，生命又继续流回它开始的源泉。斯卡帕将圆形符号引入家族墓地来表达生死循环和泛神论者所代表的信念，双圆相交的图示（图11）不仅是西方传统意义上膀胱鱼的符号，亦是具有多意性的神秘符号，它在此被定义成墓园的精神属性——生与死的永世循环。正是因为这一修饰符号的多意象征性，完成了诗意的"转喻"和"隐喻"，人们永远无法获得详尽和唯一的理解，而这正是神秘诗性的所在。

拱顶墓室标示出夫妇尊贵的安息之地，而拱形设计同时意指一条通向未知世界的路径。另外，夫妻墓的棺椁既是安放他们逝去躯体的地方，相互倾靠的态势和基座仿佛摇篮般的处理又带给人一种孕育生命的感受。墓园中的水池设计反射出园中建筑与景观的影像，形成一系列与实体对称的倒影。在威尼斯人看来，生命诞生于水中：一股水流从夫妇墓前的双圆形水盆中流出，源源地流入远处的冥想池中，水流的来源——墓穴，亦表达了生死相循的观念（图12、图13）。

材料选择

斯卡帕的作品是一场对材料精准把握的视觉与知觉的"盛宴"，这源于他对于装饰表达的渴望以及对不同材料质感对人视知觉影响的丰富阅历。斯卡帕也许更接近于路斯"以真实的材料本身表达装饰"[2]的思想。对他而言，材料并非仅仅指代装饰，亦代表着情感的陈述。材料、色泽与质感才有资格被他用来进行诗意的转化。在墓

12 | 13

图 12　双圆形水盆
图 13　夫妻墓

园小礼拜堂中双圆符号的选材上，斯卡帕曾经历过苦苦的等待，在
大理石石匠寻找了几个月之后，终于等到了两块古代的石材：泛着
红光的东方斑岩与斯塔拉绿蛇岩。两片石材被切割打薄并以双圆的
姿态静立在白色灰泥为底的两扇开口上并在沉静的空间中默默地发
出微光。

　　同样在墓园中，路径的墙体界面由白色抛光灰泥抹面加工制成。
从近处看，表面有着轻软光滑的纹理，光线投射其上，在周围漫射
出柔和的白色光晕。虽然由于岁月的流逝，苔藓和霉菌的生长削弱
了这一效果，但在周围繁盛的植物绿色的映衬下，白色的抹灰仍给
人以精致、轻快的感觉。入口廊的内墙面也采用了同样的白色抹灰
表面，配合着一侧的水渠柔和地漫射着光线。冬季的一些时候，当
太阳低挂在天边，夕阳的落日会将墙面染成火红。斯卡帕在这里通
过控制不同的入射角度与材料的质感和纹理特性达到了预想的光影
效果。

　　水是斯卡帕偏爱的反光"材料"。家族墓园的小礼拜堂坐落在
植满睡莲的水池当中，光线的直射和水面的反射相互交织，渗透到
礼拜堂的空间当中。紧靠水池的祭坛后侧开有两扇落地的低窗，当
它们微微开启时，清爽的空气和微弱眩幻的光线会带着湿气流入室
内，由池面上反射的水之光影将会在祭坛周围悸动（图 14）。水和
光的调和——由水泛出的灵动的光和粼粼的光线中浮现的水，构成
了斯卡帕独有的以空间、光线、材料和艺术谱写的交响乐曲。

断片形式整体感知

　　大部分建筑师的设计过程遵循着由整体到局部的构思过程，

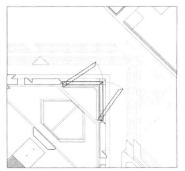

图 14　落地窗

图 15　55 模数的细部

图 16　小礼拜堂

通过手脑并思的方法使大脑中朦胧的影像呈现于图纸上，从宏观的体量、几何关系、空间意向着手，在逐步明晰的过程中进行细部刻画。而斯卡帕似乎在朝着相反的途径进行设计。设计始于局部，表现出对材料的精确把握，节点的精致性设计，对微观尺度的推敲。在墓园设计中也不例外。用地面积由原有的 1000m^2 拓展到后来的 2200m^2，从早期的夫妻墓、冥想亭增加到后来的家族墓地、小礼拜堂以及 11 株柏树下的牧师墓区。在墓园中的五个重要节点如精致的雕塑品般无与伦比。仅仅西北部的 60m^2 小礼拜堂我们就可以花大量笔墨进行分析：从空间布局到礼堂形式，从光的塑造到材料的选择，从外部水体到以 55mm 为模数的叠拼细部等等，表现出建筑师对于建筑细部设计与雕琢的才华（图15、图 16）。同样，山门、夫妻墓、家族墓与冥想亭均呈现绝佳的艺术形式。

斯卡帕像是一位老道的头像画家，在分别完成五官的细致描写后，再巧妙地完成头型的塑造。在墓园中，他用路径与墙体的组织建立了五个核心要素之间的联系，用不同尺度、不同倾斜角度的围墙界定了墓园的 L 形空间，这包括墙的里凹外进、走廊与路径的高低错落和宽窄对比、光影变化等等；运用了地坪的高差、水体的线状与面状布局构建了墓园建筑群与景观相映成趣的整体特色。我们也许无法用通常的方法进行该建筑的分析，但是可以判断在斯卡帕断片形式生成的背后隐含着潜意识的整体性感知。而这种感知建立在古典的建筑知识系统基础上。斯卡帕不仅掌握威尼斯传统工匠的建造工艺，同时具备建立在西方建筑传统上的视觉思考能力，和对传统日本庭院的当代演绎能力（图 17）。

结语

诗性的空间源于建筑师对事物的敏锐观察，继而以洗练的建筑

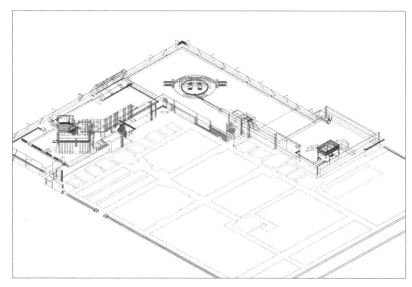

图 17　轴测图

语汇进行精准表达。墓园是人生旅途的最终栖息之所，布里昂家族墓园凝结了斯卡帕对建构的毕生追求，更蕴含着他对人性的关怀与对生命的体悟。三者共同构筑宁静美丽的精神家园，在永恒不息的生命之流中，成就天地间不朽的奇妙诗境。

注　释：

1. [日] Yutaka Saito. Carlo Scarpa 建筑的诗人 [M]. 日本：TOTO 出版，1997：55.
2. Loos A. Spoken into the Void：Collected Essays[J]. MIT Press，1982：12.

缪尔马基教堂位于赫尔辛基市郊的万塔市，由芬兰建筑师尤哈·莱维斯凯设计，建于 1980~1984 年。关于光影的设计造就了教堂空间独特的艺术氛围。

4 音乐的韵律

——缪尔马基教堂

尤哈·莱维斯凯是继伊利尔·沙里宁、阿尔瓦·阿尔托与莱玛·比尔蒂拉（Reima Pietila）之后的芬兰著名建筑师，具有很高的音乐天赋。缪尔马基教堂是莱维斯凯杰出的代表作，边界限定、平面组织、光影塑造等操作方法体现了对环境的深度考量。设计重视建筑与环境的互动，追求内部空间韵律的塑造。在缪尔马基教堂中，芬兰地域文化与现代精神、宗教信仰与人性关怀、精致建造与空间韵律完美地融合，呈现出高度的有机性与美妙的空间体验。

界定与互动

　　莱维斯凯善于运用平直的界面与自由的墙片定位建筑与环境边界，从而有机地生成形式，在追求整体性的同时，呈现严谨与灵动的辩证关系。缪尔马基教堂坐落于铁路与道路之间的狭长地块，建筑师通过一系列操作完成了对场地与建筑边界的定位（图1）。首先，建筑师保留地块东侧的白桦林以消解马路对教堂的噪声干扰；其次，建筑对场地南北环境分别进行对话。研读总图与平面图可知，建筑师将场地主入口设置于地块南侧，塔楼成为建筑群的制高点；北侧通过层层跌落的体量与周边的碎片化边界处理实现建筑与自然的过渡；西侧因火车轨道而设计成规整的几何边界，密实的高墙界面阻隔铁路对教堂内部的干扰；东侧边界为主立面，跌落的矮墙、错落的体量与出挑的雨棚消解了建筑与环境的对比度，体量通过片墙有韵律的垂直上升形成丰富的天际线，天窗的设置使建筑室内产生丰富的光影变化（图2），片墙的错动与细长形窗洞的划分构建了建筑与环境的互动性。至此，建筑师在狭长的场地上通过对环境细致的分析进行体量的界定（图3）。

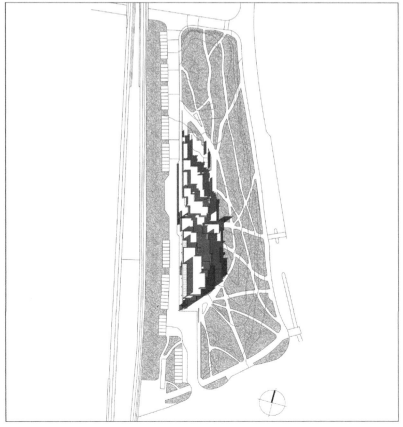

图1　总平面

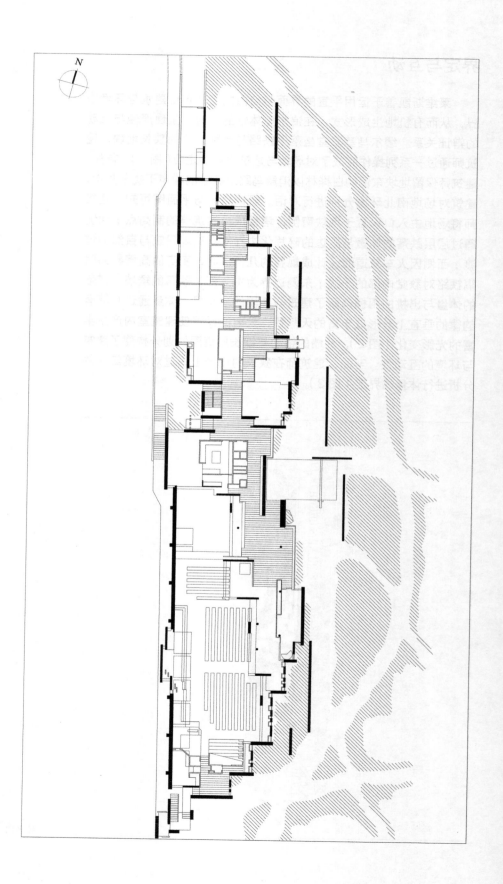

图2　一层平面图

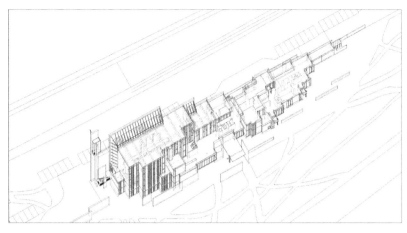

图 3　轴测图

平面组织

　　莱维斯凯一方面从传统芬兰村舍布局与构造做法中吸取灵感，另一方面吸收了密斯乡村砖宅中典型的平面构成方法（图 4），对缪尔马基教堂平面布局与空间序列进行组织。在布局上，通过墙体与体量的穿插与错位形成空间相互嵌套，试图隐喻传统芬兰村落与小镇的意象。

　　建筑场地西高东低，设计顺应地势，将办公与接待等辅助空间置于底层，会议室、小教堂与主教堂空间被置于地上一层。在平面组织中首先根据功能确定体量，零散的空间以向心性布局形成组群，聚集的空间与主教堂空间以入口轴线为参照分别置于轴线两侧（图5）；其次，以局部界面消解、片墙介入为主要操作手法，呈现出平面构图中丰富的点线面构成关系。

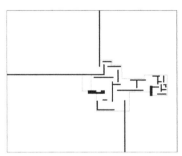

图 4　砖宅平面

　　片墙为莱维斯凯在缪尔马基教堂空间构成中的主要操作母题，其形式语言与密斯砖宅中的墙体有异曲同工之妙。首先，砖宅平面采用 T 形、L 形与一字形的墙体交错布局，并通过三片墙体向室外空间延伸，暗示建筑与外部环境的对话与渗透关系；相对于砖宅中的墙体组织，缪尔马基教堂的墙体设计呈现出音乐的韵律。教堂东侧以长短不同的一字形片墙为主要构成元素，墙体以 L 形与 T 形界定路径并定位边界。建筑内部与主入口处的 T 形墙群形成空间流动感；而边界处的 L 形墙体在形成围合之势的同时，亦通过墙面与体量的脱离、立面开窗来促进室内外空间对话（图6）。其次，砖宅和缪尔马基教堂在平面构成中具有相似的拓扑关系。在砖宅中，由不同长度的片墙组合形成离心空间，打破了传统一点透视空间，内部流线具有不确定性，为使用者带来丰富的空间体验；而在缪尔马基教堂中，房间的错位形成了曲折

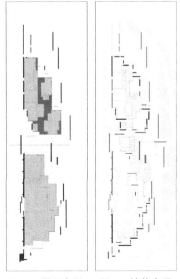

图 5　平面布局　　图 6　墙体布局

图 7 缪尔马基教堂分析

图 8 教堂室内

的走廊空间，各空间入口缓冲区与走廊服务空间相互错位，通过方向的变换引导视线的游移，营造了丰富的空间序列和感官体验（图 7）。莱维斯凯还善于利用高度对比与光线引导形成丰富的空间影像。低矮的门厅与祈祷室反衬主教堂空间的主体性与神圣性，上方天窗射入的光线则缓解了低矮空间的压迫感，展示空间向上与向外的延展性，体现了人与外部空间互动感知的设计初衷（图 8）。

空间与光影

由于地处高纬度，芬兰人对阳光非常敏感，加之莱维斯凯崇尚巴洛克教堂建筑中的光影体验，两者共同促成了其运用光线塑造空间的独特魅力，从早期的纳齐拉教堂到后期的曼尼斯特教堂，莱维斯凯持续关注光线的设计，并曾言"空间，尤其是教堂中的空间，是一件被光弹奏的乐器。光落在墙上，渗入壁龛，散落在柱子上，进而在空间中表现自我。间接光给人在森林中的感觉，似乎处在浓荫覆盖之下"[1]。缪尔马基教堂作为当代新教教堂，在扮演着传统宗教圣地角色的同时，亦承担着重要的社区活动中心功能，建筑师通过对窗开设位置的设计，巧妙地组织光线，辅以顶棚横向层叠板片对光的反射、错落有致的吊灯对空间进行纵向分割、人工光与自然光的融合，在隐喻传统巴洛克教堂的宗教氛围的同时，亦呈现出当代教堂独特的人性化空间内涵，将传统教堂神圣的光空间转化成更为人性化的宁静空间体验。

1）宗教隐喻

莱维斯凯的创作曾经受到德国南部巴洛克教堂中多重反射光线的启发。在缪尔马基教堂中，其利用结构与墙体的反射光，辅以现代材质表现，再现哥特式和巴洛克教堂中的光影与流动性。在主教堂空间中设置了顶部天窗、南部侧窗、北部高侧窗与东侧竖向窗四种自然光源，使光线从不同的高度、角度射入内部并互为补充，强调了空间的体量感和质感[2]（图 9）。屋顶天窗为室内引入的主要直射光，北侧高侧窗的漫反射光照亮墙体上部，东立面竖长形窗口中，内窗与外窗相分离的构造兼具表达空间进深和均衡光线照度的作用，多种光线的交相辉映，共同消解着空间界限。由此可见，以上光影操作与哥特式教堂和巴洛克教堂中自穹顶而下的光影效果殊途同归，既表现出空间向上的动势，亦表达了对宗教圣地的隐喻。

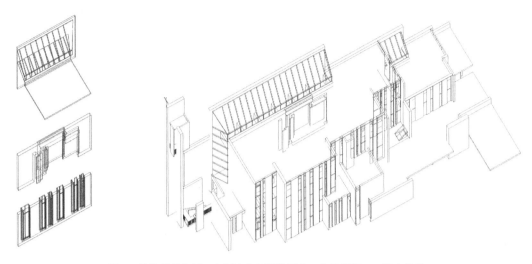

图 9　教堂采光分析，左侧从上至下为天窗，祭坛后部，双层窗构造

2）光线雕琢

　　莱维斯凯的光线设计继承了阿尔瓦·阿尔托的人性化设计方法，但亦有所区别：阿尔托运用木材和植物等材料营造温馨自然的"森林空间"氛围；莱维斯凯则认为光本身即为一种具有色彩和温度的"材质"。在教堂中，他精心控制光源的种类、布局、色彩与射入方式，并通过隐匿内饰材质强调光线的微差，以自然光为雕刻工具，以人工光源为情感笔触，渲染出层次丰富且感性化的人文空间，消解空间体边界，缓解了高耸空间的单调感，光线交织的层次韵律与人工光源的温馨平和共同织就神圣的空间体验。室内吊灯设计受艾哈迈德清真寺（The Sultan Ahmed Mosque）的启发，悬浮于半空中，灯具上层叠的反射片将灯光进行二次反射，黄色的灯光与上部洒落的清冷天光相互中和，营造了更为柔和的人性感知空间。莱维斯凯在后期的牧人教堂（Hyvan Paimenen Church）（1994）中通过增加玻璃砖的使用，赋予墙面斑驳的纹理与色彩，营造了更为温馨的空间效果。午后阳光从祭坛后部缝隙射入时，祭坛上方悬挂的织品和层叠的反射板，赋予入射光线空间色彩；天窗入射的光线赋予屋面轻盈缥缈感，东侧与北侧高窗的入射光线使建筑屋顶悬浮于空中，光线漫反射使墙转为次光源，多种光线的交织缓解了高墙的压迫感。更为有趣的是，莱维斯凯通过引入光线削弱体积感，使建筑空间呈现出平面化特征的同时，光线又赋予建筑感性特征，使建筑游移于材质化与非材质化之中，最终将内部空间转变为光线弹奏的乐器（图 10）。

图 10　室内照片

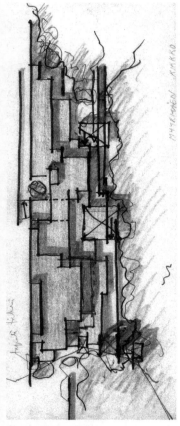

图 11　教堂早期草图

图 12　片墙与环境

韵律与分形

　　莱维斯凯坚信建筑基本要素的永恒性，片墙为教堂平面构成的主要操作母题，或脱离建筑，或依附于实体。研读早期草图可知（图11），建筑一方面利用东侧的锯齿形跌落体量与边界界定模仿自然特征；另一方面，利用富有韵律的片墙解构箱体空间，营造丰富的路径并与环境对话（图12）。教堂中自由墙体对空间的划分与赖特的空间策略有异曲同工之妙，如果流水别墅利用出挑的楼板营造水平元素与纵向山林形成反差以获得建筑的"有机性"，缪尔马基教堂则利用片墙的垂直性与场地的白桦林获得内在频率的一致性（图13）。戈特弗里德·森佩尔（Gottfried Semper）主张建筑具有时间性和运动性，应将建筑视作与音乐、舞蹈一致的"宇空艺术"，而非与绘画、雕塑类似的造型艺术。教堂形式呈现了与音乐韵律的相似性[3]。

　　片墙韵律不仅来自于音乐的灵感，还源自建筑师对自然规律的考量。现用分形原理分析其横向和纵向网格的分维值[4]。通过量化分析计算得出，南北向墙线网格分维值为1.66，东西向为1.8。当分维值位于1和1.9之间时，即为明显的分形现象，其构成符合自然的衍生韵律。赖特的威利斯住宅网格亦符合分维特征，经计算其分维值为1.72，经对比发现三者都是秩序和变化的综合，并且随着分维值越大，视觉差异性明显，内部空间分化趋大。建筑东西、南北两边界处的墙线密度差异较大：将南北向墙线按照东西边界分开计算，对比发现数值明显变小，说明不均匀性源自建筑对东西两个边界的反差，即西向封闭，墙体变化幅度小，东向开敞，墙体变化幅度大；东西向墙线在建筑中部密度加大的原因是门厅空间被营造为空间转换的重要节点（图14～图16）。

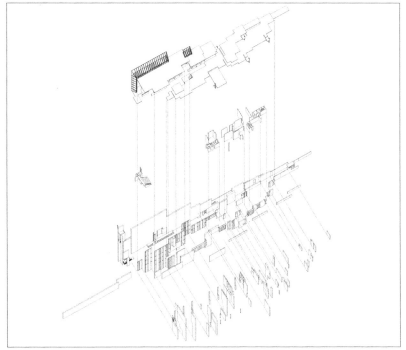

图 13　分解轴测

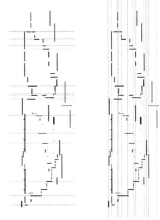

图 14　墙体轴线分布

层构与流动

在教堂中，层构设计理念贯穿于整个形式生成中，从整体布局到细部装饰，无不呈现着建筑师对巴洛克式空间感受的钟爱。莱维斯凯运用娴熟丰富的手法在结构形式，空间组织与细部建造三个层面上诠释了建筑的层化空间及其流动性。

教堂体量的跌落错动以及突出于体量之外的不同材质的高耸片墙与白桦林具有同构关系，白色的实体、窄而高的片墙与立面上的透明玻璃不断穿插、交叠布置，运用光线形成了虚幻的空间界面。平面布局中的层叠手法则是在主要体量界定的基础上，根据相邻空间的功能属性，对界定墙面进行错动、消解、偏离与抽离，增加空间层次进深并丰富空间体验。

莱维斯凯运用结构系统操作，通过建筑纵向层叠平面的介入与室内吊灯垂直线条相结合增加空间进深与层次。对比其早期的圣托马斯教堂可以发现，后者采用偏心十字梁引导空间划分为四个区域（图 17），而缪尔马基教堂中均匀排布的主梁则赋予空间均质层状的特征和强烈的秩序感（图 18）。梁底部设置木条进一步强调层叠的建构关系。教堂室内墙面和屋顶均采用木镶板隐藏建筑管道系统，弱化设备对建筑界面的干扰，高侧窗处刻意强调和暴露连接片

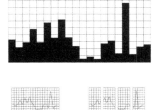

图 15　东西向分维系数计算

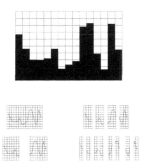

图 16　南北向分维系数计算

图 17 圣托马斯教堂

图 18 缪尔马基教堂

墙的面梁，以强化结构层次关系。面梁遮挡屋顶光线造成了亮度对比，进一步增加空间层次感。室内空间中，固定吊灯的垂线层次错动，与建筑纵向结构构件的水平划分相互交叠。在衬托主体空间的同时，吊灯垂线以管风琴弦的形式与空间交互，弹奏着丰富的交叠乐章。分析剖面图（图 19），建筑师将建筑顶部结构与墙体的相互脱离，二者之间设置高窗和斜切天窗，增加了屋顶的漂浮感和空间的流动性，结合瓦萨教堂（Vaasa Cemetery and Chapels of Rest，1968）和皮卡拉教堂（Pirkkala Church and Parish Center，1989）可以看出莱维斯凯通过剖面设计使顶棚悬浮于空间之上，并强调向上和向前的动势（图 20、图 21）。此外，空间顶部为提高声学效果，将层叠的声学反射板进行参差错动的布置，反射板与顶部结构梁架相呼应，强调层叠的建构性。

结语

缪尔马基教堂在突破了教堂传统形式的同时，结合芬兰当地自然环境，在空间构成、光影塑造、层叠建构等层面进行了富有创造性的形式构建。分析缪尔马基教堂可以发现莱维斯凯继承了北欧的传统，将阿尔瓦·阿尔托的光线控制和层叠法以及赛轮、布鲁姆斯泰德与卢瑟沃里的极简主义结合在一起，形成了其独有的形式语

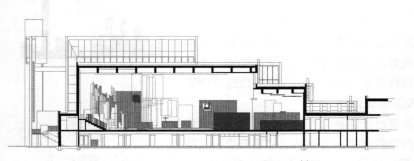

图 19 剖面

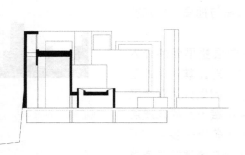

图 20 瓦萨教堂

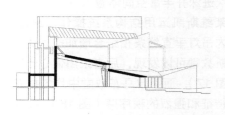

图 21 皮卡拉教堂

汇[5]。建筑师重新审视现代建筑空间本质，运用当代材料与工艺转译历史上巴洛克教堂的空间氛围（图 22）。对莱维斯凯来说，建筑的基本原则从未改变，他相信建筑基本要素的永恒价值，并以音乐家的气质天赋，谱写了一曲当代流动音乐。

图 22　不同时间的室内场景

注　释：

1. "空间，尤其是教堂中的空间．是一件被光弹奏的乐器。光落在墙上，渗入壁龛，散落在柱子上，进而在空间中表现自我。间接光给人在森林中的感觉，似乎处在浓荫覆盖之下。"

2. [丹]S·E·拉斯姆森．建筑体验 [M]. 刘亚芬 译．北京：知识产权出版社，2008：186.

3. [英]威廉 J·R·柯蒂斯著．20 世纪世界建筑史 [M]. 本书翻译委员会 译．北京：中国建筑工业出版社，2011：675-676.

4. 以一个平面网格覆盖平面图中的主要元素，然后转译成梯级函数（图 14~图 16）。做图为东西向墙线对应的网格。曲线的高度反映了平面网格中从下至上对应的轴线距离变化。要得到 Hurst 数，继而得到曲线的分形维数，首先将梯级函数转变成曲线并用一个网格覆盖，如其右下图。这样，整个曲线的最大波动可测得 86.5 个单元格。然后将曲线分成两段，每段为时间段（tim。length）的 I/2，这样就得到了两个最大波动 62 和 86.5 个单元格，将原曲线分成四段，每段为时间段的 1/4，则得到四个最大波动为 48，62，31.25 和 86.5，最后将原曲线分成八段，记录其每一段的最大值及其对应的时间。将所得的数据求对数，得到 15 对数据（1og 时间幅度，log 最大波动）。利用计算公式计算这些数据定义的回归直线斜率，并将这个斜率值定义为 Hurst 指数，求得东西向墙线对应的 H=0.3439，分维值 D=2 — H 二 1.656。同理将南北向轴线对应的网格进行拆解计算（附图 2），定义 Hurst 指数 H=0.11，分维值 D=2 — H 二 1.89。

5. [美]肯尼斯·弗兰姆普敦著．建构文化研究——论 19 世纪和 20 世纪建筑中的建造诗学 [M]. 王骏阳译．北京：中国建筑工业出版社，2007.

第三篇　单元组合

　　建筑的基本单元由类型与人的需求确定，其空间组织大致分为三类：由整体走向局部、由局部走向整体或二者兼具。本篇重点论述单元组合空间的艺术与形式生成规律。通常对建筑作品进行解读时，由独立单元构成的建筑很快会从平面图与体量关系中得以识别，单元几何的选择决定整体形式。下文提到的五位建筑师所呈现的单元组合才华将其建筑作品升华到经典性的地位。

　　理查德实验楼（Richards Medical Research Laboratories）以正方形作为组织单元原型，以类似于准风车型的方式进行空间组合与形式生成。路易斯·康在方形单元的基础上，对主体空间与服务空间进行进一步划分与重组，形成了生动的平面构成与建筑形式。同时单元本身的设计也反映了康关于空间、结构以及服务设施的巧妙构思。借助于康对古典建筑研究的深厚底蕴，他对建筑中独立单元的设计及组合艺术有独特的贡献。如果认真研究康的作品集，会在单元空间组织上学到很多与其他建筑师全然不同的设计方法。

　　金泽美术馆（Kanazawa 21 Seiki Bijutsukan）设计的有趣之处在于先确定一大一小两个偏心圆与正交网格体系，然后将各空间单元嵌入其中。单元既有实体的使用空间又有虚空的庭院，不同尺度的单元被有序地组织在妹岛和世（SANNA）所构建的强大矩阵中。建筑形

图 1　理查德实验楼

图 2　金泽美术馆

式呈扁平性特征，重要的空间单元穿出屋顶并与周边建筑进行体量上的呼应。如果将该作品与康的作品进行对比可以看出，康强调的是哥特式建筑的垂直性，而妹岛和世更热衷于利用单元组织方式塑造密斯式的水平 1234566 性流动空间；康注重呈现单元的建构性特征，而妹岛和世则通过隐匿的方式消隐建构性并强调空间的感知性。

瓦尔斯温泉浴场（Therme Vals）的设计是使单元融于其整体的矩形构架内，建筑内部展示了单元对主体空间的围合，单元作为服务性体量衬托整体空间。在阅读总图与平面图时，建筑的单元性构成非常强烈，而亲历其境时，则体验到空间的交融与弥漫。该种始于单元性思考与构成，而终结于整体性空间与架构的设计逻辑是成就优秀建筑的重要方法之一。

图 3　瓦尔斯温泉浴场

Sarphatistraat 办公体则是以分形单元形式在空中"飞舞"，仿佛单元脱离了地心引力，向上升起。建筑的各个界面既像磁铁一样对单元进行吸纳与阻拦，又似乎有意地让虚体单元有序地穿越并消隐在周边环境中。建筑中的单元以自相似性与尺度缩放性的方式被巧妙地组织，如穿孔板的使用、门窗的排列和阁楼的悬置等。从实体围合、虚体切割到光影雕琢共同形成了空间的不确定性特征，体现了斯蒂文·霍尔深厚的艺术修养与巧妙应用分形几何组织空间的能力。

图 4　Sarphatistraat 办公体

单元不仅可以聚集成建筑，其自身亦可以蜕变为一栋独立的微型建筑，微型紧凑之家（Micro Compact Home）是微型建筑典型的代表作。当单元自身独立时，单元之间的关系就变成了建筑间的群体组合，而单元自身的内部空间研究则成为设计的重点。微型紧凑之家是实验性建筑，单元内部空间多义，其界面呈现模块化的特征。在当代意义上，微型建筑从工厂制造到现场装配，代表了未来建筑发展的一种趋势，即人类在建造时如何考虑减少对地表的破坏，从而保护生态环境。

图 5　微型紧凑之家

如果仅仅以单元作为关键词来解读以上这五组建筑不免显得过于抽象，重要内容将在文章中详尽介绍。然而就以单元构成的方法而言，每个建筑师均独具匠心地谱写了单元组合的乐章，解读的意义在于使读者能够了解多样性单元组合的巧妙性。

理查德实验楼位于美国费城宾夕法尼亚大学校园内，路易斯·康在 1957 年着手设计，建筑于 1961年完成一期建设；随着功能的扩增，1964 年完成二期建设。

1 古典方式·现代精神

——理查德实验楼

　　阅读路易斯·康的建筑，可见其对现代建筑自由平面的抵制[1]：以静态构图抵制动态空间；以单元空间抵制流动空间和匀质空间。康对个体空间的营造和几何秩序的强化带有明显的"古典"印记，借助现代技术对古典建筑语言进行转化，获取了现代意义上的建筑纪念性。可见保罗·克瑞实行巴黎美院体系的宾大建筑教育对路易斯·康建筑生涯产生的深刻影响。康则巧妙地运用了现代的建筑方式传达古典空间精神。

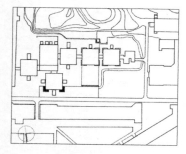

图1 总平面图

理查德医学实验楼（以下简称为"实验楼"）设计始于1957年，完成于1964年（图1）。设计期间康与结构师奥古斯特·科门丹特（August Kommendant）合作，该建筑成为康在其创作生涯中将服务空间与主体空间进行明确划分的重要作品。随着建筑及结构技术的发展，康注重结构在建筑中的表现及其与空间的关系，认为现代建筑清晰的形式与合乎逻辑的尺度源自建筑结构的变革，由此形成对建筑诗学的表达（图2）。

空间单元

1）单元空间构成

图2 结构逻辑的表达

在实验楼的单元构成中，结构柱网按十字形设置于方形平面的体量之中（每边两根位于"九宫格"中间节点的位置），从而构建了自由的四角空间，在首层平面上形成了两个对角的入口空间，这种组织既是正交的，又是沿对角线布局的（图3）。十字形空间组织是常用的古典主义建筑布局方式，圆厅别墅贯通中心的十字轴线形成四个通透空间，而理查德实验楼单元十字形平面是基于结构体系形成的，康创造性地沿承了圆厅别墅为代表的古典主义建筑形式逻辑（图4）。

在单元中，结构体系与功能空间紧密结合。康的正方形单元经常使用四角布柱的形式，例如阿德勒住宅与特伦顿公共浴室，正方形的视角空间开放令柱子成为界定空间的要素。而在科瑞克社区中心，正方形单元通过梁的错位产生风车形式，悬挑的结构方式使得梁的厚度减小，单元中的柱子布置在墙体外边缘三分之一处，暴露于外部的柱子与按风车形组织的梁使结构逻辑与建筑形式逻辑一体化，从而为使用者带来特殊的空间体验（图5、图6）。

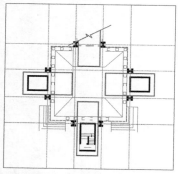

图3 理查德实验楼单元九宫格图

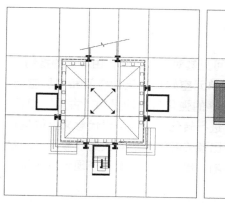
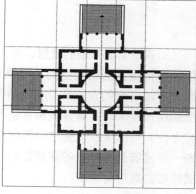

图4 圆厅别墅与理查德实验楼对比

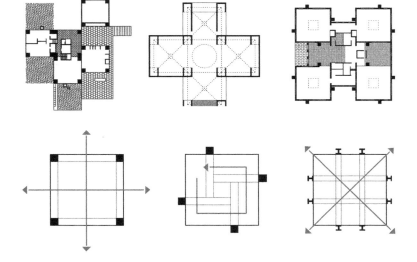

图 5　阿德勒住宅（左），特伦顿公共浴室（中），科瑞特社区中心（右）

图 6　单元形式

2）单元空间边界

　　结构形式也使单元空间"内部"与"之间"的空间得以区分，边界空间使单元之间既脱离又相互联系。在实验楼设计中，服务空间与主体空间的清晰划分，单元之间的空间处理为作品解读提供了新的视角。

　　单元间的边界关系分为三种：共用结构体系、独立结构体系相接与独立结构体系相离。特伦顿公共浴室的单元之间边界叠合，单元间共用一个具有特定功能的空腔柱，空腔柱体与单元墙体之间形成了双重网格，边界空间使单元空间联系更为紧密，在墙体承重的表象下隐藏着实际的钢架结构体系，形成双重关系的叠加。阿德勒住宅的空间单元独立，单元之间相接，采用四角立柱的单元结构形式，相邻两个单元之间不共用柱网，在柱子交接的地方可以看出其明确的单元关系，柱子成为其划分空间的要素，结构单元与空间单元轮廓重合。相较于其他作品，实验楼的单元由于功能需要而采用井字形柱网布置，单元之间有独立的结构系统使单元空间相互分离，服务空间与主体空间通过与空心塔楼相似的模块进行连接，这似乎在沿用特伦顿公共浴场空心柱的做法，但不同的是单元拥有与形式一致的结构体系，双重网格定义了单元"内部"和"之间"的空间。

空间单元组织

1）基本原则

　　康的空间单元及其组合方式与结构形式统一，设计将七个方形

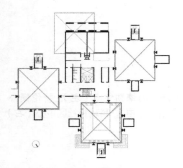

图 7 理查德实验楼风车平面

单元进行组合，明确地区分服务空间与主体空间，一期四个单元（研究室空间）采用类似风车型布局，位于中心的交通单元被加以强调，电梯和卫生间等设备间设在中央单元内，呈动态布局；二期 3 个单元以线性方式组织，呈静态布局（图 7）。在采用空间单元组织空间的初期阶段，康多采用错动、风车形组合等动态构图进行平面布局，后期多采用静态构图。

　　单元之间的空间具有差异，但都遵循基础模数，南侧单元与中心单元由于楼梯间的嵌入而使"之间"的空间变为三倍模数，从而在单元之间产生空间节奏（图 8）。

2）双重网格

　　实验楼的塔楼与正方形平面体量之间遵循十字轴线关系，从而强调后者，并运用双重网格进行形态控制。康发展的空间单元组织经历了如下阶段：水平板式空间—几何学网格运用—空间单元分离与其动态布局—空间单元的分离与其静态布局[2]。可见"空间单元的分离与其静态布局"是路易斯·康设计日臻成熟的表现，双重网格对于自下而上整合"单元空间"和"单元之间的空间"意义深远，同时也是打破空间均质性的重要手段[3]。对比康 20 世纪 50 年代以单元为构型的多个建筑作品，不难发现双重网格的结构形式与空间关系的推进与演化。

3）空间等级

　　1957 年康提出了"等级空间"的概念，"被服务"空间和"服务"

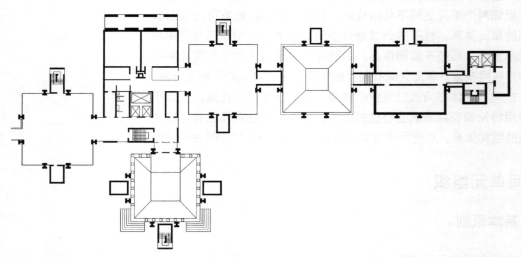

图 8 理查德实验楼首层平面

空间体系是等级秩序明确的体现。罗马万神庙是康极为推崇的建筑，其墙体内侧的洞形成了龛，外侧的洞形成了楼梯间或储藏室，这些"洞"即为康眼中的服务空间，它们与中心的纪念性大空间的关系是康的理想空间原型。

在罗切斯特唯一神教堂（the First Unitarian Church in Rochester）（1958–1961）（图9）中，康以错动的方法寻找沿方形空间单元对角线的关系，强调角部空间；其次是保留十字轴线关系以及对称布局，形成类似古典主义建筑平面的中心性图形。空间的等级性划分是康进行单元空间组织的重要手段，中心空间整合各个空间单元，成为建筑的核心，它并非实体，而是虚空。克莱弗住宅是由中心性空间统一一众多空间单元的最初案例，正方形单元集成在更大的方形空间四周（图10）。

在实验楼的设计中，主从关系渗透到建筑的各个层级，"风车形"的中心部分服务于周边三个单元，一字形排列的三个单元与最右端的交通核构建了一条轴线。接着康构建空间的下一层级的阅读关系，运用辅助楼梯、排风塔井作为垂直体量在各个单元十字轴的端部进行嵌入式外挂处理，从而形成了建筑周边的空间层次感（图11）。在此方面，理查德实验楼是代表作，而让康的秩序达到顶峰的作品是达卡政府中心国会大厦（National Assembly Building of

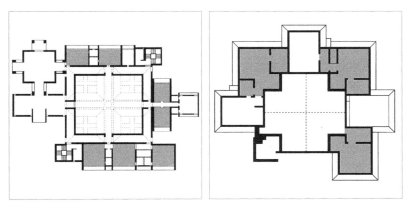

9 ｜ 10

图9 罗切斯特唯一神教堂平面图
图10 克莱弗住宅平面

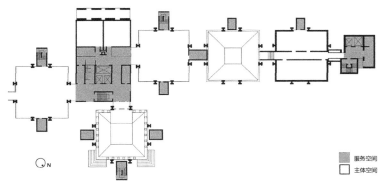

■ 服务空间
□ 主体空间

图11 理查德实验楼等级空间划分

121

Bangladesh），因其将附属空间又进一步划分，形成更小的"服务"空间，构建了多层级空间秩序。

4）空间可能性

在单元组合方面，实验楼进行了三种尝试：网络式组合，通过网格体系实现形式和功能的统一；线性组合，单元呈序列式组合方式，强调韵律感；交错式组合——单元围绕中心性空间设置，强调空间之间的联系。于是，组合的灵活性给空间带来不确定性，而单元内部则保持静态、永恒的特性。

在平面布置上，将柱子尺寸放大而形成特殊空间塑造元素，构建空间界面。相较于柯布西耶柱网与空间产生的分离系统，在康的单元结构中，柱子参与空间营造。

阿德勒住宅（Adler House）的平面受到现代主义和布扎两种体系的共同影响，并非由单一原型转变而来，可以看到康在避免对称轴线从而形成动态平衡的努力。

形式生成

康对哥特式建筑的推崇可以在其设计中找到证据，从平面布局的层次划分中，可阅读出康的建筑生成印记。运用方形单元进行排列组织，其本身就是一种建筑垂直性的构思，而"空间柱"体现了康在微观尺度的垂直性思考，由此不难联想柱子对于古典建筑的意义。康采用的竖向核可以分为三种类型：将楼梯等布置在其中的垂直交通井；将通道、管道等布置在其中的设备井；使阳光经过几次反射后的柔和光线进入室内的采光井。在实验楼设计中，康放弃了现代主义建筑中惯常的操作方法：如垂直空间与水平空间的结合（L形垂直空间），垂直空间对水平空间所产生的挤压运动。而将垂直空间与主体脱离，形成了颇具纪念性的垂直形态，在某种程度上，垂直性以主角身份呈现，无论内部空间还是外部形式均宣告了其特殊性，颠覆了"辅助空间"的概念，成为建筑的核心构成要素（图12）。

就形式生成而言，将面积最小的服务空间推向高空无疑是形成纵向延伸感最好的机会，而对其设定的不同高度形成了优雅的天际线。一般而言，在现代建筑中，墙的设置以轻薄取胜，而结构体系的革新则为立面的自由划分提供了可能。而路易斯·康却反其道而行之，通过厚壁墙体的垂直表达向哥特式建筑致敬，封闭的高塔与轻盈的玻璃墙体并置为空间带来强烈的光影体验。毫无疑问，赖特对于康的影响不容忽视。赖特在公共建筑中富有层

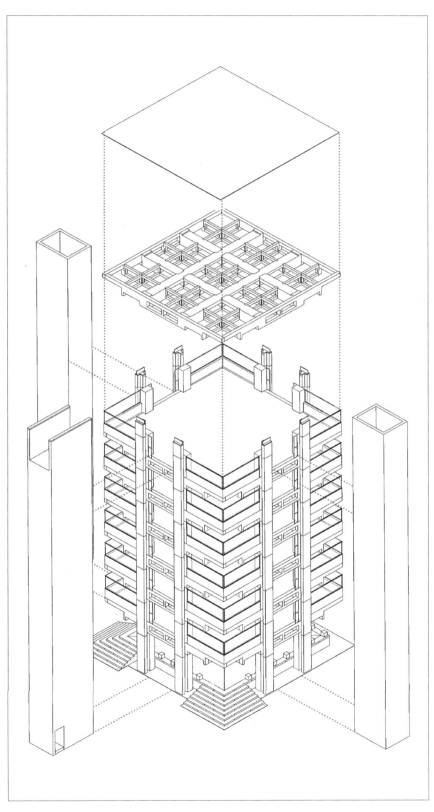

图 12　理查德实验楼结构体系

图 13　赖特拉金大厦

次的内在性被康有意识地引用了，比如实验楼的管道塔井完全封闭的外墙形式，建筑在服务空间和主体空间之间的明确区分，均可在赖特的拉金大厦（Larkin Building）中找到痕迹（图 13），只是康更强调建筑的垂直性。

结语

　　康对于"古典"的理解与探索，以物质空间表达精神体验的独特方式，使其作品以另一种姿态呈现于世。康曾经受过柯布西耶、赖特、密斯等建筑大师的影响，亦影响着如罗伯特·文丘里这样的建筑师，历史的车轮就这样在批判与反批判中滚动前行。康所设定的"单元"与"单元之间"，双重网格与等级体系均为设计的载体，是阐述光明与黑暗，神秘与宁静的手段与方法，康试图对建筑进行哲学思考并将建筑推向至高无上的地位，其中的意境有待慢慢品味。

注　释：

1. 参见：[美] 彼得·埃森曼 . 建筑经典：1950~2000[M]. 范路，陈洁，王靖 译 . 北京：商务印书馆，2015：89.
2. 参见：[日] 原口秀昭 . 路易斯 .I. 康的空间构成 [M]. 徐苏宁，吕飞 译 . 北京：中国建筑工业出版社，2007：32.
3. 参见：[日] 原口秀昭 . 路易斯 .I. 康的空间构成 [M]. 徐苏宁，吕飞 译 . 北京：中国建筑工业出版社，2007：24.

金泽21世纪美术馆位于日本金泽市,坐落于日本三大名园之一的兼六园与金泽市政府之间,由SANAA事务所设计。美术馆从设计到建成历时五年,于2004年10月正式开馆。建筑总面积为27920m²,其中美术馆面积为17069m²。该馆作为交流与艺术体验相融合的公园式美术馆,除了展览空间以外,还包含了诸如演讲厅、儿童工作室、书店和咖啡厅等聚集空间。

2 飘逸的形

——金泽21世纪当代美术馆

妹岛和世与西泽立卫事务所设计的金泽21世纪美术馆是当代日本建筑的经典之作,曾获2004年威尼斯双年展金狮奖最佳方案奖(图1)。妹岛在对现代建筑设计方法进行深刻反思的同时,挖掘当代日本文化内涵,追求建筑的暂时性、不确定性与三维空间的二维化倾向。无论在功能组织模式、空间操作方法、界面设计亦或建造层面均反映出了妹岛独特的设计方式。

在去现场考察之前,阅读该作品,多少会有点失望,在一个正交网格体系下内置一系列大小不同的方体单元,并包含在一个圆形体量中,似乎仅此而已。然而亲临体验后,那种朦胧的失重感将参观者带入了一个超现实的境界。妹岛的建筑艺术形式需深度体验与剖析方能领略其设计精髓。

图1 区位图解

概念解析

在概念生成过程中，妹岛似乎在刻意消解传统思维定式，消解传统等级体系，并对传统美术馆的功能组织模式、空间组织秩序进行解构与重组。其并置、无等级与单元化的网格体系解构了传统美术馆等级分明的树状空间体系，消解了人们对传统美术馆建筑的形式认知模式，同时试图重构人、空间与环境三者的当代认知方式。

妹岛希望建筑具有连续且均质的边界，并且向周边社区开放，四个不同方向的主入口服务于城市各个方向的人流并暗示均等的可达性，最终选择了无主次之分的圆形作为美术馆的外部边界。圆形的透明玻璃界面加强了建筑内部空间的吸纳性。网格状的走道空间与四个光庭的设置使置身其中的人群可以自由游走，妹岛在空间中刻意营造人群行走路径的不确定性。大小不一的单元体量严格按照古典比例设计并进行错位布置，在追求视觉交叠的同时，妹岛为游走于建筑内部的人群营造出奇妙的空间体验与视觉感知（图2）。

在设计金泽美术馆时，妹岛亦有意打破博物馆布局，充分考虑社区中人群的不同行为方式，创造出极具活力的空间引力。在东侧庭院中，阿根廷设计师 Leandro Erlich 设计了一个既可以从"泳池"边向下看，又可以从"池底"向上看的互动性艺术作品。实际水层只有薄薄 10cm，却使人们在相互观望的互动中收获了新奇感（图3）。与当代艺术相结合的外部景观既是展品的一部分，同时也为游客营造了休憩、体验、娱乐的场所。圆形的座椅，螺旋形的彩色圆弧玻璃以及草地上的圆形图案亦与建筑内部形成有趣的对话。

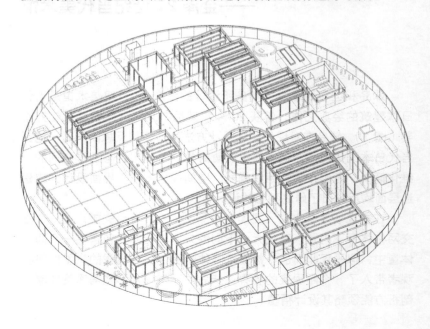

图2　轴测图

形式生成

为呈现艺术形式的精致性，妹岛对结构构件尺寸、墙体厚度、柱子直径等有着非常严格的尺度要求，其终极目标是追求形式的轻盈与飘逸。通过结构形式趋薄、变细，材料的透明、半透明、刷白等操作，不断消除建筑体量的厚重感，通过墙体厚度的变化来影响人的视知觉感受。为进一步减小墙体厚度，妹岛使用刷白的钢板来分隔房间，以结构与材料的隐匿与后退来追求视觉上轻与浅的艺术形式的禅意表达。

在妹岛的作品中能隐约捕捉到密斯流动空间的影子：密斯在巴塞罗那展馆中以片墙的穿插构建流动空间，并刻意强化柱子的建构形式与材料的真实表现。而妹岛吸取了密斯流动空间的内核与对建造的精致性诉求，并以东方建筑师特有的方式隐匿了材料与结构的真实性。此外，她继承了路易斯·康单元空间组合的设计智慧。有趣的是，康的纪念性形式特征、确定性图解在此消失，取而代之的是平等性空间与形式以及不确定性的图解表达。

在金泽美术馆中，妹岛之所以选择了几何形式极强的正圆形，并非出自其本身对于建筑形式的预判，而是源于在构思过程中对于周边环境均等性的回应以及内部功能的自然演化。建筑形式的塑造更接近于项目不断发展与优化而求解的过程。

金泽美术馆的整体平面形式在具有明显的几何构成感的同时也极具图解特性（图 4），正如伊东丰雄在"图解式建筑"中所述，"妹

图 3　泳池实景

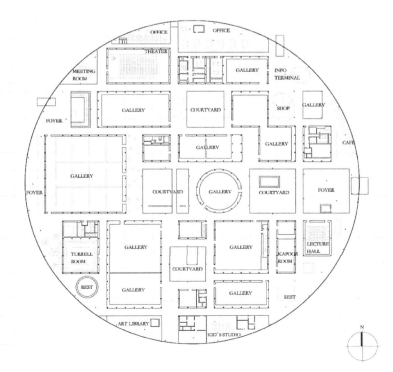

图 4　金泽美术馆一层平面

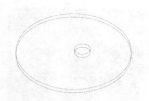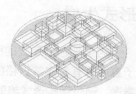

图5　形式生成图解

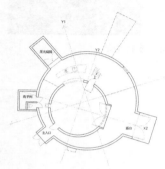

图6　森林别墅平面

岛和世的作品作为建筑，能够以其直白而直接的方式将建筑分析图解转变为现实，这样产生的建成环境具有高度的抽象感"。[1]在金泽美术馆中，每一个单元体均对应着独立的功能，反映到平面上则形成了功能图解式的简洁而抽象的形式（图5），而这种高度图解化的表达既增强了建筑本身的可读性，同时也将人与空间的关系及其在建筑中的体验推向幕前。

　　圆形的外轮廓本身具有强烈的中心性，但妹岛却通过内部单元体的分散排布将其消解。尤其是中部的圆形展厅，其并非按照古典的构图逻辑置于图形中心，而是向东南侧进行轻微的偏移，以此弱化中心感。类似的处理手法在妹岛1992~1994年设计的森林别墅中已有体现（图6）。

　　在森林别墅中妹岛将不同类型的住宅空间，如卧室、浴室、贮藏间等作为独立单元像楔子一样插入外部体量。两个大小不同的偏心圆通过嵌套处理形成空间的内外界面，外圆界定出建筑体量，内圆为工作和展览空间。两圆之间的环形空间为联系各个单元的通道，同时也承担着厨房、餐厅等具体功能，偏心设置使原本均质的环形空间产生张力，人们行走其间可以明确感受到空间的张弛变化与圆形本身的图形特质。金泽美术馆与森林别墅均在不同程度上通过偏心处理削弱了图形中心感，但由于二者体量上的悬殊，最终的空间感受不尽相同。金泽美术馆直径达112.5m，尺度巨大，当人们在靠近建筑时并不能直接感受圆形图形，所感知的只是连续的界面。而森林别墅中内外两圆彼此靠近，关系密切，图形特质可以被强烈感知。此外，森林别墅中的圆形嵌套是以构建空间的模式出现，而金泽美术馆中的偏心圆是与其他单元体共同构成了组织空间的网络构架。其外部的圆形界面并非强调建筑的体量塑造，而是侧重突出界面的均质性，意在与内部单元共同构成基础性的图形关系进行内置的单元组织。金泽美术馆与森林别墅均采用了偏心圆图形，但二者的组织逻辑与空间构造则完全不同，最终亦产生了截然不同的建筑形式。

　　基于明确的空间构架，金泽美术馆内部的单元排布灵活，集中与分散并列。然而细究每一个单元发现，其大体采用了黄金比例、$\sqrt{2}$：1比例与1：1的比例等。综上所述，金泽美术馆的各个单元

图7　金泽美术馆内部独立单元透视
示意图

体之间虽然是随机排布，但因个体仍遵循模数规则，同时整体又受
控于 3m×3m 网格体系，因而最终形式呈现出整体而灵活的形式
感（图7）。

空间操作

1）去等级化

　　日本文化强调人与人、事物与事物之间的平等关系，其城市形
态亦与西方城市不同，具有传统聚落的印记。黑川雅之将二元对立、
多元并存的"并"文化归为日本美学的重要特征之一[2]。并列的文
化一方面体现了非等级化体系，构成事物之间的并置关系。另一方
面形成中心的虚空，日本心理学者河合隼雄将此命名为中空构造，
指出在日本社会中不是由某一个原理占据中心，而是在中空的周围
环绕，与相对立的事物保持平衡，即在日本文化中，相互并列的关
系主导着事物的发展与进化。

　　在金泽美术馆中，展厅及其他交流用房几乎全部按照功能被拆
解为独立而并置的单元（图8）。单元空间大小与所在位置无明显关
系，呈现出均质排布的状态，平面中不存在明确的中心与主轴（图9）。
同时，因房间布局而形成的网状交通流线也尽可能消除路径的等级。
设计放弃了传统美术馆中特定的观展流线方式，试图让置身其中的
人群在网状交通布局中自由行走与穿越，体验类似于森林中漫无目
的踱步感受，意图营造游走的自由性。与其说是妹岛刻意消除空间
的等级体系，倒不如说是传统日本文化的基因使其无意而为之。

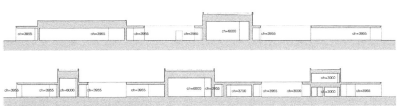

图8　东西向剖面（上），南北向剖面（下）

图9　空间体块图解

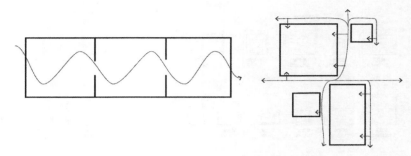

图 10　美术馆展厅的不同组织方式

另一方面，收藏艺术作品的美术馆更强调艺术作品与展厅之间的对应关系，而非在均质展览空间中不断替换不同展品。展品之间、展厅之间的关系变得更加多样，展品的展陈顺序也变得不再重要。现代艺术的展览需求使以自由流线连接独立展厅空间组织方式成为可能（图 10）。

2）嵌套与"间"

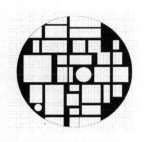

图 11　嵌套式空间组织模式

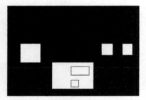

图 12　嵌套式建筑的内外空间属性

金泽美术馆采用了嵌套式的空间布局，即大盒套小盒的空间组织模式（图 11）。两层盒子之间产生有趣的留白空间，这些空间既是内部小盒子的外部，同时又是外部大盒子的内部，是此类建筑中兼具了内、外双重身份的空间（图 12）。因此，让盒子分离布置的交通组织方式虽看似混乱且又占据较多公共面积，但妹岛正是利用了该特点，让人们不停地漫步到不同展厅与不同功能房间，而该过程模拟了人们在城市不同建筑物之间的穿行方式，室内廊道与城市街道空间形成了有趣的类比。

留白空间的不同尺度可使同样的嵌套式建筑产生迥异的空间体验。在金泽美术馆中，为使走廊空间尽可能接近城市中行走的空间体验，妹岛采用了刻意挤压盒子之间空间的做法。绝大部分情况下，盒子与盒子之间布局紧凑，形成狭长的走廊，且其宽度几乎全部统一为 2.5m。其他则只在建筑核心的中央部分放宽了少部分走廊的宽度，在狭长的走廊上营造出空间的疏密关系，人们在张弛之间感受空间的趣味。

通过游走路径联系起分散独立单元的布局手法还可见于妹岛的其他设计中，如十和田市美术馆、森山住宅、富弘美术馆等（图 13），而单元式的散点规划空间意向则可以追溯到日本明治时期的住宅模式：住宅的空间分解为独立居室、客厅、厨房、茶室等房间，单元之间以缘侧[3]相连（图 14、图 15）。可见日本传统住宅同样否定了中心性。正因为对空间进行单元式拆解，建筑的整体性阅读被弱化，单元"之间"即留白空间的塑造得以重现，空间之间的疏与近则带来了空间节奏的变化，张力由此产生。

图 13　十和田市美术馆，森山住宅，富弘美术馆

图 14　日本明治时期传统住宅布局

建筑内外界面均运用白色进行统筹，微弱反光的顶棚试图模糊空间的界限，方向感在此消失，没有了外力的牵引，人们随着自己的本心在建筑中漫步。统一的刷白处理使材料的物理属性退居于空间表现之后，空间变成了高度抽象却又能被实际感知的状态。与此同时，空间中光影、虚实的变换也被强烈地感知着。部分展厅的顶棚采用了双层磨砂玻璃中间夹条纹式铝条的做法，磨砂玻璃折射出的柔和光线经过铝条的分割投射在白色墙面上，柔和的光线充盈着整个简洁而明晰的空间，带来了妹岛所特有的空间特质（图 16）。

图 15　桂离宫布局示意图

建造逻辑

妹岛将作品中复杂的结构逻辑隐于纯粹的空间表现之后，并尽可能地消隐建构元素的物理属性，以此不断逼近空间本体的展现与纯净形式的营造。在金泽美术馆中，妹岛将结构构件的尺寸尽可能缩小，独立的展示房间的维护墙体由两片单层钢板构成，薄薄的墙体表达了建筑师对建筑的轻盈之感的追求，而 200mm×200mm 的钢柱则隐于两片钢板之间的空腔中。结构体系控制在 3m×3m 的网格体系中，直径 120mm 的圆柱却作为辅助支撑体系依据空间性质与视线的遮挡分析零散布置在建筑边缘较为开放的空间内。作为结构体系的圆柱，因其极细的尺寸和看似随意的布局，模糊了其作为结构体系的特征，而成为空间塑造元素（图 17、图 18）。

细究妹岛与密斯的建筑作品会发现二者之间具有惊人的相似性的同时亦有着明显的区别。密斯终其一生一直在不懈地追求着简洁的结构、清晰的建构方式以及纯粹的材料表达所带来的质朴之美。[4]

图 16　金泽美术馆内部空间

17 | 18

图 17　内部承重墙体示意图
图 18　柱网体系示意图

131

其建筑细部的精细处理，如材质拼缝的准确对接以及在图根哈特住宅中十字钢柱的圆角处理和克罗米不锈钢材料的镜面效果的呈现上均彰显着极高的建构品质。这样说来，妹岛的建筑应该是反建构的。妹岛通过对材料的整体性刷白处理，覆盖了材料的原有特性从而模糊了空间的界限，使抽象的空间本身成为被感知的主体。妹岛与密斯，一位偏爱隐匿材料的物理特性，一位强调对材料本质的表达，两种不同的态度实质上是对抽象空间与建构形式之间的权衡与取舍。在金泽美术馆的玻璃外界面处理中，为了尽可能弱化外界面的同时营造出漂浮感，妹岛将屋顶结构退居于玻璃界面之后，只留出一条纤细的檐口作为玻璃幕墙的收口。地面层与玻璃的交口齐平并隐入地下，从外观上营造出玻璃幕墙直抵地面的视觉效果，使建筑产生漂浮感。

可以看出，在妹岛所追求的纯净界面背后并非是对建造的忽视而是更加隐秘的表达，因而也许我们也可以将妹岛的建筑称之为隐匿性的建构表达。

结语

妹岛在其丰富的实践过程中，形成了极具东方与个人色彩的当代建筑操作方式与形式语汇。在金泽美术馆中，其以简洁明晰的设计策略呈现出建筑与场地的互动关系，通过建筑体量的嵌套组织、游走路径的网络化与材料的刷白处理等，营造出匀质、轻盈、简洁的建筑形式与自由游走的空间体验，进而营造了禅意的诗境。

注　释：

1. [日]伊东丰雄.图解式建筑[J].建筑素描，1966，77：18-24.
2. [日]黑川雅之.日本的八个审美意识[M].王超鹰，张迎星 译.北京：中信出版集团股份有限公司出版社，2018.
3. 缘侧：*えんがわ*，日本民居的外廊，走廊.
4. [美]肯尼斯·弗兰姆普敦著.建构文化研究——论19世纪和20世纪建筑中的建造诗学[M].王骏阳 译.北京：中国建筑工业出版社，2007：179.

瓦尔斯温泉浴场位于瑞士东部偏远山区的村庄，基地周边为瑞士典型的乡村景观，周围以木制或石造的双坡顶建筑为主。温泉浴场为原有旅馆的加建部分。彼得·卒姆托于 20 世纪 80 年代末开始设计，建筑于 1996 年底正式落成。该浴场可同时容纳 140 人共同沐浴，每年吸引约 14 万人前来参观与体验。

3　嵌入与消隐

——瓦尔斯温泉浴场

　　一个明丽的星期六，我坐在科洛斯堂的敞廊之下，背靠咖啡馆的墙壁，面对着广场的全景，眼前正对着房屋、教堂以及纪念碑的正面。广场上的人不多也不少，到处是热闹的花市，灿烂的阳光。上午 11 点，广场对面背阴的墙体投下悦目的蓝色调。这里远离了机器的咆哮，美妙的声响充溢四周：近处的人语，广场石板铺地上的脚步声，人们的低语声，远处建筑工地不时传来的鸣响。鸟儿，热烈而欢愉地飞翔，如同数不清的黑色小点，在天空中勾画着短促的波形图案。假期的头几天已经使人们的脚步显得悠闲缓慢。两个修女交谈着，手语生动，她们每个人提着一个塑料口袋，走过广场，步履轻柔，头巾还在空中飘动。气温宜人，我坐在一个带靠垫的沙发上，它上面绿色的天鹅绒已经有些褪色。前面广场上的青铜塑像背对着我矗立在基座上，面朝教堂的双塔。双塔的塔顶各不相同。它们从尺度相同的基

座上升起，越靠近塔顶，越显得各具特色。其中略高的一个在屋顶的塔尖上配有金冠……[1]

——彼得·卒姆托

　　出身于木工家庭、早期在手工艺学校的求学经历与从事历史建筑保护的工作背景使得彼得·卒姆托（Peter Zumthor）的设计具有手工艺时代的工匠精神与深厚的文化底蕴。其建筑作品给人的第一印象似乎并不惊艳，亦不具备强烈的视觉冲击力，然而走近观察或进入内部空间时，所获得的体验是刻骨铭心的。卒姆托对材料、光线、肌理、结构的关注，场所精神的营造，协调空间与形式的独到处理使其作品呈现出某种特殊的潜质，在灵魂深处引起观者的共鸣。

　　温泉浴场位于瓦尔斯村半山腰处，总体布局顺应山体等高线，与沿街建筑平行设置（图1）。基地周边为瑞士典型的乡村景观，周围建筑以双坡顶为主，多为木制或石造，精致的细部处理体现对瑞士传统工艺的承继；而位于山谷尽端的Zervreila水坝同样触动卒姆托的设计思维（图2）。卒姆托试图谱写一曲水与石的赞歌，探寻能够激发情感的形式语汇，使建筑消融于场地之中，并通过建构方式强化空间的感染力。

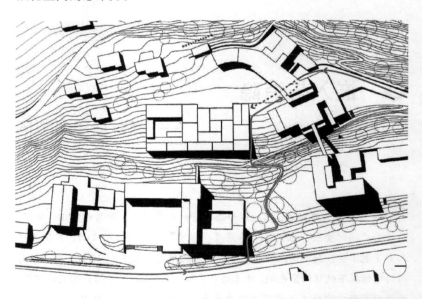

图1　总平面图

图2　基地周边建筑（左）
　　　Zervreila水坝（右）

形式的消隐

卒姆托在建筑形式生成过程中运用的策略可概括为"嵌入"与"消隐"。"嵌入"是一种设计态度，以不破坏既有环境的物质存在为底线，建筑个体以谦卑的方式融入原有的环境肌理中；"消隐"则体现一种更为宏观的设计策略，使建筑物作为物性的存在而不宜被发觉。温泉浴场经过一系列操作使其与原址形成共生的状态，二者共同构建了诗意的整体。

卒姆托将箱体嵌入山中，自西侧观看，建筑呈消隐状态，屋顶与山体界面融为一体，同时成为旅馆外部空间的观景平台，人们在此可以眺望远处的村落且视线不受干扰；风铃草般的灯饰设置使人联想到阿尔托设计天窗的处理方式，协同矩形边界和线性的玻璃天窗划分草地，共同塑造着大地景观，在与自然景观形成天然过渡的同时提示着建筑的存在（图3）；自东侧观看，卒姆托利用高差对箱体界面垂直切削，完成对其正面性塑造。结合抬升的山势，强烈的光影使建筑呈现特有的厚重感与纪念性，强化沐浴的宗教性氛围（图4）。

如果以图解的方式对设计生成过程进行还原：通过切割对建筑体量进行雕琢，结合对山体等高线及功能组织的考量将箱体划分为三个层级。移除建筑南侧的部分体量构建室外浴场，东侧切割四个方洞，将外部景观引入内部；在对体量进一步切割过程中，卒姆托赋予建筑从山体中抽离态势，靠近山体一侧体量相对较大，边缘的体块维持线性排列，而中间部分则处理成一系列不同尺度的体块单元穿插于前后两组体系之中；体块顶部覆盖"桌台式"顶板，二者共同构成L形或T形单元，似乎在回应原有箱体边界（图5）。

或许卒姆托对蒙德里安绘画情有独钟，方形构图母题在形式生成中被大量应用（图6）。大到体块、墙洞，小到方格窗，不同尺度

3 ｜ 4

图3　建筑的消隐
图4　建筑的纪念性

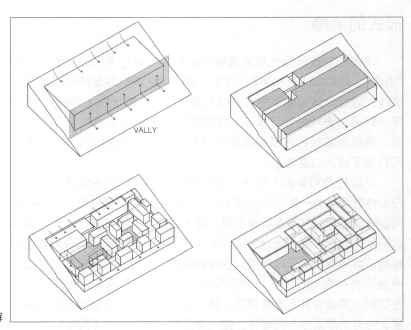

图 5　形式生成图解

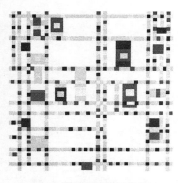

图 6　蒙德里安绘画作品

的元素丰富了形式的层级系统，同时强化了建筑的单元性构成。外在规整、内部碎化的体块，如同跳跃的音符生成律动的空间。单元化操作体现某种"加法"的过程，与"消隐"的目标似乎背道而驰。然而卒姆托在设计过程中通过对整体界面的处理刻意弱化外在形态的单元构成模式，顶板将体块单元上部相接并保持边界完整性，形成对建筑整体边界的消隐处理，使得内部的单元组织无论如何变化与跳跃均隐含在箱体的内部，并使之与周围环境形成积极的回应。

空间的交织

　　沿着蜿蜒山路缓缓前行，建筑掩映在树林之间。温泉浴场正面未设入口，人们必须沿着山坡向上行走，通过墙洞窥视墙内空间场景（图 7）。辗转之后，沿旅馆的一个相对幽暗的地下通道步入建筑。卒姆托设置了一系列空间序列：宽 2.15m，高 2.7m 的入口廊道靠近山体一侧，经更衣室进入主浴室，空间豁然开朗，廊道空间与近 4.8m 高大空间形成对比，并在较高视点形成对内部空间的整体性感知；漫步的台阶将人们引向主体沐浴层，空间序列在体块分割中展开。内部浴场主要包含两种空间类型：体块单元内部空间与体块之间的空间。前者空间内包含相对私密且类别不同的浴室，而后者则设置共用浴室、室外浴场以及开敞的交通与休憩空间。或许受路易斯·康关于服务空间与主体空间的布局方式启发，卒姆托结合特定项目予以修正，只有少许体块的内部空间作为交通、设备等服务空间，且多集中于设备层；而在二层主体使用空间，卒姆托赋予体块内部更

图 7　外部墙洞

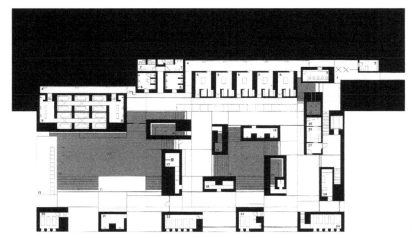

图 8 二层平面图

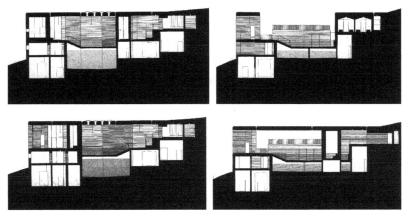

图 9 剖面图

加积极的使用功能，在沐浴过程中营造不同的空间意境（图 8、图 9）。

空间组织在横向上分为三个层级：入口空间、主体空间与休憩空间。在流线组织中，入口空间呈线性关系，而在主体空间内，空间组织相对自由。卒姆托对于手工技艺的偏爱使其将建造的织理性情结延伸至空间组织层面[2]，注重建筑空间之间的交织与渗透，使看似随意的布局内含理性的组织逻辑（图 9）。卒姆托将浴场内部空间操作归为体块单元之间的空间研究，通过"拉锁原则"（Zipper Principle）[3] 对体块单元进行错位布置，从而形成对空间的挤压与渗透。类似于密斯乡村砖宅的空间组织方法，卒姆托借助错位的风车构成连接空间节点。密斯在乡村住宅中通过延长墙体将外部空间纳入建筑整体空间体系中，而卒姆托则通过间隔使人们游离于体块之间的空间转换之中。该空间体系与密斯流动空间具有相似之处，密斯通过墙体错位增加空间感知度，通过对角线关系引导空间，如"迷宫般清晰"的空间特征使其成为现代建筑的典范。反观瓦尔斯温泉浴场，体块取代板片围合与划分空间，体块遮掩与错置形成渗透性

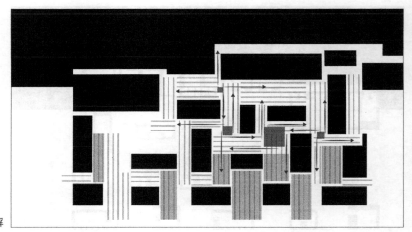

图 10　空间图解

图 11　屋顶缝隙对空间的引导

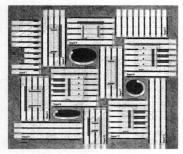

图 12　瑞士馆平面图

空间，人们很难在第一时间形成对空间的整体性认知，空间处于一个不断被发现、感知的过程，与路径缠绕于一起，如同在森林中漫步，而屋顶缝隙处倾泻而下的光线强化了空间的引导性（图 10、图 11）。

瓦尔斯浴场空间组织借助于体块遮挡与疏导使空间如流水般在建筑内部倾泻。而在之后的汉诺威世博会瑞士馆设计中（图 12），卒姆托则将空间交织与形式构成进一步强化，通过 99 堵木墙以风车型方式组织，墙体分割形成只能容纳两人并排行走的线性空间，空间之间纵横交错并彼此相连，构成三个主空间与三个次空间的中心节点，使人在漫步过程中充分体验空间既彼此渗透、亦错综复杂的趣味性。

氛围的营造

当人们转动铜质闸门进入建筑那一刻，狭窄的入口通道与山体相连，如同进入采石场，能触碰坚硬的石材地面。右侧混凝土墙面上安插铜管，从中涌出潺潺的流水，经年累月的冲刷使混凝土表面留有铜锈印记，在泛黄灯光掩映下共同营造出丰富的感官体验；进入更衣间，人们所接触的不再是冰冷的石材及混凝土，而是相对温暖的红松木；在主体空间中，水的轻柔与石材的厚重形成鲜明对比；光线从屋顶缝隙倾泻而下，在横向排布的片麻岩墙体上形成过渡并产生微弱阴影，墙体如织物般拨动着人们的触觉神经。木材、石材、铜质栏杆扶手，协同不同温度的泉水与人体肌肤相亲，在使用过程中暗示人们感知不同材质（图 13）。

在空间氛围营造中，平静的水面如镜面般反射着上方的物体，人们对空间尺度感知被进一步拉大。室内不同体块内部设置水温不同的温泉池，在狭小、昏暗空间内，近 5m 的层高弱化了人们对于高度的感知，只有水面泛着微弱的灯光，人们如同置身于原始洞穴之中；而在淋浴间内，6.5m×1.75m 平面空间内被分割为三部分，

图 13 入口、更衣室、栏杆

分别设置 3 种不同淋浴喷洒装置，当人们费力扳动金属把手或旋转阀门，偌大的水流自上方黑暗处倾泻而下，空间高度似乎被无限放大。室内空间相对昏暗，主体空间大多存在于阴影之中，这也增加室内温润的气息。室外浴池与室内相连，室外的开敞与室内的封闭形成强烈对比，人们在不同沐浴空间内体验到迥异的氛围。

卒姆托在设计过程中曾亲赴土耳其感知宗教式的沐浴氛围[4]（图14），并将该体验引入到温泉浴场的设计中。其一，在通道与水的交界处，设计以台阶踏步取代垂直化划分，使人们由外部进入浴室内能够觉察人体重量并形成知觉体验的过渡；其二，在土耳其浴室中，光线由巨形穹顶上六边形洞口投射进来，室内空间充满神秘气息。卒姆托同样在内部主浴室上方设置 16 个正方形洞口，与前者不同的是，通过蓝色玻璃的设置创造蓝色光源，更加凸显室内空间的神秘感（图15）。对土耳其沐浴氛围的转译激发人们对于原始洗浴体验的回忆，温泉浴场室内空间氛围营造更多的是对文化、仪式感的塑造而非商业、娱乐的氛围。

图 14 土耳其沐浴氛围

建造的诗性

温泉浴场虽然外在形式简洁，但复杂性却隐于独到精致的建造处理中。在结构层面，体块单元采取伞形结构形成"悬臂"体系，屋顶通过钢板围合、多层次构造处理形成景观单元。建筑内部地面铺砌同样基于单元划分，但并非与屋顶楼板完全对应，纵横交错布置强化建筑织理性构成，并与体块边界对位。

图 15 室内照片

缝隙设置原本作为单元拼接的结果，其恰好可以应对瓦尔斯地区气候变幻及泉水温度造成建筑冷热不均的影响，如同沉降缝设置利于建筑自身调整。为了避免泉水外溢，卒姆托对此作了详尽思考并制定了一种规则，在水池与地面连接处设置缝隙以阻止泉水外溢。在具体细部设计中，室内地坪与浴池连接的第一个踏步较室内标高降低 34mm，且与边缘留有 30mm 缝隙，人们在行进过程中几乎觉察不出高度变化，形成有效过渡，使泉水不宜流向室内并提示人们注意脚下台阶（图16）。

体块单元由内部混凝土结构层与片麻岩饰面层两部分构成。饰面以 31mm、47mm、63mm 三种高度、宽度为 105~250mm 的条形片麻岩进行砌筑。该设定一是在三种高度片麻岩组合中，结合片麻岩之间 3mm 的粘结距离之和形成 150mm 的立面模数网格，与踏步高度（150mm 高）、立面窗洞（300mm×300mm）尺寸相对应（图 17）。四周片麻岩砌到一定高度，空腔内浇筑混凝土使饰面

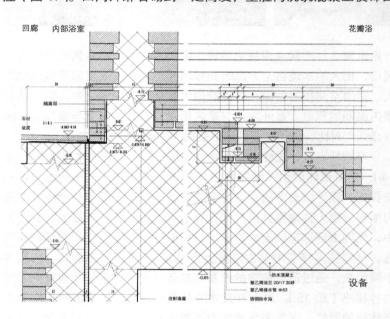

图 16 台阶构造节点图

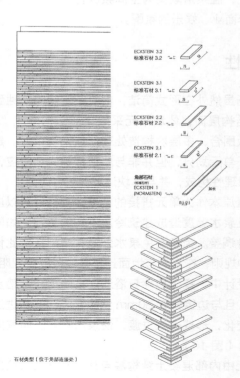

图 17 片麻岩排列组合方式

与混凝土形成整体刚性结构，同样应对温泉造成温度不均而对饰面产生影响，而宽度不同的片麻岩如同织理性建构增加结构的稳定性。在横向排布中，上、下两块片麻岩满足最小重合距离，使均匀、连续并在细节处富有变化的墙面呈现如织物般的肌理。转角处理则如同砖块编织砌筑方式，以整块石块上下交错排列平衡两个方向。考虑到双层墙体构造方式，在体块之间落地窗连接处理上，卒姆托以约 700mm 宽的 T 形、L 形绝缘连接片嵌入表皮片麻岩与混凝土结构之间，然后将钢框与板片连接于一体。

匠人身份的卒姆托对建造品质的追求几乎接近完美的状态，在设计过程中注重建造逻辑，并与实际问题相对应，同时亦将其与知觉体验联系在一起，使之与空间氛围的营造相映生辉。

结语

卒姆托的设计似乎将人的思绪回溯到现代建筑兴起之时，然而与之不同的是，对于物质性表达的追求使卒姆托设计的建筑具有某种特殊的氛围，该氛围并非基于空间、形式的穿插与尺度的对比，而是以人的知觉体验为核心。建筑充满静谧特征，建筑的精妙之处恰恰隐含于这无声无息的宁静之中。正如路易斯·巴拉干（Luis Barragan）所倡导的，不能表达宁静的建筑就不能完成它的精神使命。卒姆托通过对设计、建造的有效对接将空间、形式完美地结合于一起，使建筑隶属于特定的场地，从而创造出点燃人内心知觉的空间与形式。

注　释：

1. 参见：大师编辑部.彼得·卒姆托 [M]. 武汉：华中科技大学出版社，2007：11-12.
2. 参见：[美] 肯尼斯·弗兰姆普敦 著.建构文化研究——论 19 世纪和 20 世纪建筑中的建造诗学 [M]. 王骏阳 译.北京：中国建筑工业出版社，2007：91.戈特弗里德·森佩尔认为编织是建造形式的最初原型，赖特同样将自己定义为"织筑者"，卒姆托对于手工技艺的偏爱亦将建造的织理性延伸到空间布局层面进而强化建筑内外空间、空间之间的联系与渗透。
3. 参见：Zumthor P. Peter Zumthor Therme Vals[M].Scheidegger&Spiess，2007
4. 参见：Zumthor P. Peter Zumthor Therme Vals[M].Scheidegger&Spiess，2007：69-70.

Sarphatistraat 办公体为荷兰阿
姆斯特丹市前联邦医药供应仓库所
设计的加建部分，主要结构是一栋
四层 U 形的砖楼以及新加建的"海
绵体"，坐落于辛格尔运河边，于
1996~2000 年期间设计并建成。

4 分形的魅力

——Sarphatistraat 办公体

　　Sarphatistraat 办公体是斯蒂文·霍尔运用分形几何进行方体
空间操作的杰出案例。无论是场所的构建、空间的层级还是形式的
生成、光影的雕琢与细部的营造均体现了建筑师极高的艺术修养与
科学的态度。有意识地运用分形几何作为生成建筑的几何工具，从
而突破了传统欧几里得几何的局限性，该建筑是具有划时代的意义。
运用而不受制于分形几何是建筑师的智慧，Sarphatistraat 办公体构
建了一个新的图解，即欧几里德几何与分形几何彼此叠加的空间几
何操作模式。在丰富空间阅读的同时使建筑在更深层次上与自然发
生关联，终究分形几何是大自然的几何属性。其自相似性，尺度缩
放的特征为建筑师创作增加了新的方法和工具。

分形几何

霍尔在 1989 年出版的《锚》一书序中曾说道："借助于确立场地的特定历史（它的土地、地点和区域）以及同功能的和社会因素相结合，把建筑与场地相锚结，从而提炼建筑内涵。"建筑只有与场地记忆相融合，才能超越其自身功能的意义。Sarphatistraat 办公体体现了特有的场所性。霍尔似乎在阿姆斯特丹城市现状中的不同层级的自相似性中获得运用分形几何的灵感，并以此作为 Sarphatistraat 办公体形式生成的概念原点（图 1）。

20 世纪 70 年代，法国数学家芒德勃罗（Benoit Mandelbrot）首次提出了分数维几何学，在其研究中，部分与整体呈现了自相似性。几何生成往往通过迭代完成，康托（G.Cantor）构造的康托三分集——把单位区间三等分，减除中间部分，接着将剩余区间进行三分，再去中间部分，依次类推。立方体形成了多孔海绵体结构，局部与整体是呈自相似性特征（图 2、图 3）。

从三维体量角度分析，Sarphatistraat 办公体设计应用了分形几何设计方法，其形式生成与门格尔海绵体（Menger Sponge）数学模型类似。立面上看似随机的开口在多个尺度上对体量进行类似海绵体的分形处理，以消解建筑体积增加空间的通透性。建筑师致力于构造某种薄纱般的半透明空间。运用减法将方形体量进行切割，使其成为类似于"奶酪"似的空间体系，海绵体造型继承了自相似性空间所具有的扩张性与吸纳性，与环境形成了引力场，而内部空间亦形成了一股扩张力。正是引力与张力的共同作用使其与老建筑及辛格尔运河共同构建了当代意义上的场所感。

霍尔并未运用分形几何机械地生成形式，而是在方体上运用分形几何的原理优化建筑空间与形式并根据实际需求与审美取向进行体量操作。如果简单地将建筑形式与门德尔海绵体进行类比，建筑将失去其艺术价值（图 4）。霍尔的灵感不仅来源于分形几何学，同样来自于音乐家莫顿·费尔德曼（Morton Feldman）大提琴音乐专辑 *Patterns in a Chromatic Field* 的乐理的启示（图 5），尺度变化的立面开窗，律动的形式生成以及双层表皮之间的层叠，令人联想到乐谱中律动的音符。

几何构成

从二维平面角度分析,霍尔试图建立一套方形的"自相似"体系。在原有仓库建筑平面近似于方形的基础上，将加建部分控制在尺度缩小的方形网格中对其进行空间操作（图 6）。其中主体空间占据该方形的 1/2 单元，展厅南侧墙面与餐厅中遮挡楼梯的墙面对方形继

图 1 Sarphatistraat 办公体区位图

图 2 门格尔海绵体二维模型

图 3 门格尔海绵体三维模型

图 4 Sarphatistraat 办公体与门格尔海绵体模型类比

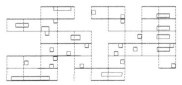

图 5 莫顿·费尔德曼 *Patterns in a Chromatic Field* 乐理

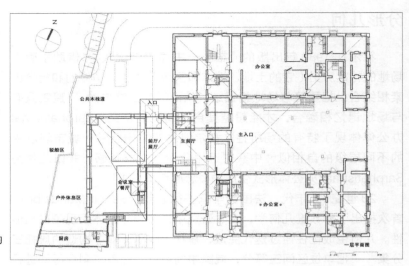

图 6　Sarphatistraat 办公体平面的
几何关系

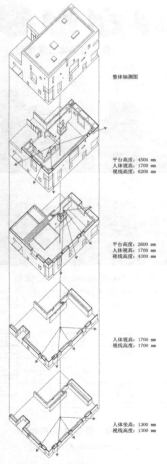

图 7　根据视高与坐高确定
立面开口位置

续细分为 1/4 单元。同样的方形网格进行尺度缩放在不同层次控制空间的分割，如新旧体量的过渡区域——接待大厅与办公室界定在主体体量网格中心向东北方向错动的正方形网格；以及楼梯半层休息平台、出挑观景台、西北角部开窗均在不同的尺度上体现着空间体积的自相似性。

此外，方形网格之间通过控制线，确定彼此在平面中的具体位置，如餐厅中楼梯平台、观景台、角部开窗的三个方形角部均位于主体空间矩形网格的对角线上；同时观景台方形对角线限定角部开窗的位置；楼梯平台方形对角线确定观景平台的位置。平面几何构成对空间构成要素进行定位并确立其整体性图底关系。

霍尔设计充分考虑人的行为特征在立面开窗的高度上进行了四个层次的划分（图 7）。办公体立面设计中暗含一套比例为 1∶2 模数网格，作为外表皮穿孔铜板的基本单元，同时为立面开窗的基本限定网格，在此基础上确立具体开窗位置及大小。首先，加建部分主体为餐厅，考虑到用餐时人的坐立视高大致为 1.2 ~ 1.4m 内，用餐区域主要开窗均位于这一标高层；其次，对人的站立视高 1.7m 标高处进行截面分析，与坐立高度处开窗大致相同，西南侧立面开窗面积较大以满足用餐区与室外运河景观的互动；再者，用餐空间上方楼梯休息平台处人的站立视高作为立面开口第三层次，分别面向各个方向与环境产生对话；最后，观景平台处人站立视高作为第四层次，立面开窗洞口面积减小结合上方天窗设计，为主体空间提供来自上方的光线。同时结合双层表皮的设计（图 8），外表皮与玻璃之间形成了 0.6m 深的窗洞，通过光影强化了海绵体的形式感与建筑的体积感。

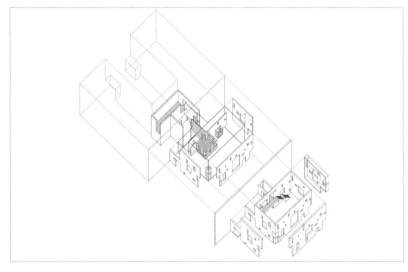

图 8　Sarphatistraat 办公体双层表皮开窗形式轴测分解

空间操作

1）尺度缩放

尺度缩放方法在建筑上的运用可以使建筑形式在不同尺度上，如宏观、中观与微观层面与环境、人产生对话，从而使人与空间、自然环境产生亲和性。借助尺度缩放可以增加空间密度、优化空间质量。门格尔海绵体是由外而内不断拓展的空间结构，通过对初始体积进行切割创造"空"的部分，从而产生新的空间。首先外表皮的分形处理可创建多层次空间体系且保证完整的初始体量，同时不断削弱内外空间的间隔性，产生内部空间与外部环境的对话；尺度缩放衍生出的室内子空间元素，如壁龛，楼梯平台、夹层等，空间成为诱发、引导人行为的容器，趣味性与复杂性开始呈现。尺度缩放空间建构可以使不同的空间单元进行有机组织，如嵌套、切割、重组、排列等手法形成新的空间序列，从而使空间状态在呈现整体性的同时形成多层次的阅读（图 9）。

对办公体餐厅空间剖面进行几何图解，其中隐含黄金矩形与正方形组合（图 10）。门厅作为体量嵌入展示大厅，作为室内与室外的过渡区域，餐厅上方悬挂的观景平台及其切割的划分、展厅北侧墙面开洞、直跑楼梯处墙面开口均为黄金矩形，彼此之间存在自相似性；立面窗洞，悬挑阳台、屋顶照明槽、室内排风口，甚至是办公接待厅的装饰画等均以方形为母题，根据功能与形式需求进行尺度缩放。Sarphatistraat 办公体中将分形应用至空间操作、体量生成乃至细部设计，借助尺度缩放产生空间的多层次表达。

图 9　Sarphatistraat 办公体空间自相似性

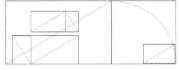

图 10　Sarphatistraat 办公体剖面自相似性

2）空间嵌套

二维平面中，原有建筑 U 形庭院（A）作为 Sarphatistraat 办公体空间序列的开端；进入室内通过原有建筑中狭窄低矮的入口（B），将人的视线从室外开敞的环境中急速收回；垂直空间明确指向新旧建筑的过渡区域，两层通高的接待厅（C），通过空间嵌套咬合的方法使加建部分与原有建筑之间产生融合；办公体的独立入口（E）嵌入到展示大厅中（D），与空间序列的高潮部分餐厅（F）产生对角关系，在主体空间的西南角处开设门洞将空间泻入室外平台（H），与南侧的运河产生对话。整个空间序列营造通过空间单元具体高度及其操作手法的不同产生房间的差异性与独立性。

同时，建筑师有意识的建立空间单元之间抽象的几何构成，营造一套隐含其中的行为视觉关系，使单元间存在严谨的秩序性与关联性（图 11）。平面组织中，通过墙体围合、开口设置产生对话，行动可达与视线可达对未知空间进行暗示，使人产生好奇的愿望。例如，身处接待厅中可以通过墙面开设洞口看到前方较昏暗低矮的展厅，以及嵌入其中的玻璃入口，同时来自前方上部的光线在远处暗示主体空间的存在，行进过程中从西北角窗渗入的风景吸引人对空间继续探寻。

此外，空间的三维塑造中亦运用空间嵌套方法进行空间暗示，通过可视且可达与可视不可达的空间关系共同构建丰富的空间层次

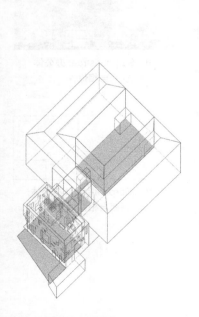

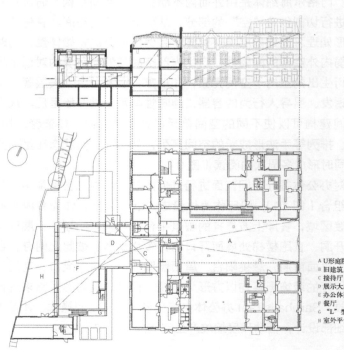

A U形庭院
B 旧建筑入口
C 接待厅
D 展示大厅
E 办公体独立入口
F 餐厅
G "L"型交通空间
H 室外平台

图 11 空间行为视觉关系

与空间趣味感。如在过渡区——办公区接待厅，该处理手法最为明显（图 12），在展厅与接待厅墙面处设置开口，保证两个房间相对独立性的同时，引导人们完成从原有建筑到接待大厅再到餐厅这一动作，同时接待厅二层转角处对墙体进行切割，视觉暗示墙体后面 L 形空间的存在，另一端挑出平台与主体空间相连，暗示餐厅东侧墙面后的直跑楼梯。空间的延伸通过行为关联与视线关联在暗示与行进的反复中不断展开，空间的精彩之处不断被发掘，从而在漫步式的体验中欣赏空间的复杂层次感。

3）斜角空间

"没有光，空间将有如被遗忘了一般。光即是阴影，它的多源头可能性，它的透明、半透明与不透明性，它的反射与折射性，会交织地定义与重新定义空间。光使空间产生一种不可确定的性格，塑造出行经空间中短暂的即时性的体验。"[1] 霍尔对光的崇拜达到了痴迷的程度，这与他在罗马学习生活期间对万神庙的长期观察不无关系。在 Sarphatistraat 办公体的设计中如同设计了光的发生装置，光穿过双层表皮上或贯穿或错位尺度不同的方形孔洞进入建筑内部，发光的洞口，地面上的光斑，折射产生的光线在这个矩形的规整体量中跳跃，如同律动的音符。同时，霍尔善于对光线的路径进行规划，餐厅中出挑的矩形穿孔网包裹的平台，上方开启的屋顶采光口与下方体量的挖空相对应，同时开口使光线倾泻而下进入下方的餐厅空间，在南侧面向湖面的方形开口中进入环境，完成光在空间中的旅程（图 13）。空间作为光的发生装置，在霍尔许多建筑实践中均可见到，匡溪科学中心入口大厅通过使用不同类型的玻璃使光线通过时发生扭曲，光线通过立面的窗框构成和棱镜的折射使室内的光影不断变化，从而激活室内空间氛围。

4）染色空间

霍尔在谈到 Sarphatistraat 办公体的设计时曾提到，希望能营造一个含有持久色彩现象的世界，在晚上当小块彩色胶片反射的光渲染了辛格尔运河时，这种效果尤为明显。他所期望的色彩空间正是通过光线在建筑从内到外各层之间的反弹跳跃形成的，霍尔称之为"染色空间"。日间，当太阳在天空中移动时会让建筑表面产生特殊的光彩与波纹状图案。夜晚，光线从室内凹陷的灯槽出发，层层穿越多孔建筑表皮的铝合金板、木板、铜板并在它们的不断折射下洒落在室外广场上，辛格尔运河上，运河的水波倒映出虚实变幻、色彩绚烂的建筑，并将光线反射回建筑上，在光的包围下，建筑与

图 12 Sarphatistraat 办公体接待厅内嵌套关系

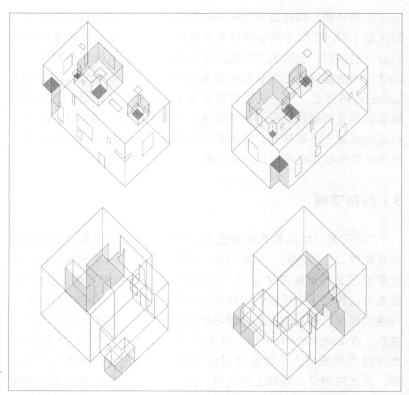

图 13 Sarphatistraat 办公体空间斜角关系

图 14 Sarphatistraat 办公体色彩与光线

环境融为一体。这正是对霍尔建筑现象学理念的一个深刻表达。霍尔在 Sarphatistraat 办公体中对光的设计与柯布西耶在朗香教堂中对光的控制有着异曲同工之妙（图 14）。

　　霍尔利用水面增强建筑的色彩效果和空间深度。在 Sarphatistraat 办公体中利用辛格尔运河通过反射复制建筑体量，在夜间使建筑转换成了一组漂浮在黑暗中的由颜色组成的光斑。同时，将水面作为另一水平层与立面之间构建起一个彩色空间，以建筑地面作为对称轴强调建筑的水平维度，水面对建筑的反射加强了空间的深度。

结语

　　运用大自然的几何——分形几何作为建筑生成的发生器，从而
达到建筑与环境的深度对话。空间与形式的立体层次感、光的塑造、
时间的连续性均在 Sarphatistraat 办公体中得到成功的演绎。同时
该作品是霍尔关于建筑与场所理论的深刻诠释，从既有建筑、新建
筑到环境，从建筑形体、内部空间到细部设计都遵循与场地深深契
合的理念。概念的生成、材料的选择、光影的塑造、尺度的缩放使
建筑编织在大自然的深层结构中，分形的魅力在于建筑师如何精确
的把控。

注　释：

1. Steven Holl，Anchoring[M].New York：Princeton Architecture Press，
   1989：11.

微型紧凑之家是理查德·霍顿设计的高品质微型住宅。其原型于2005年在德国慕尼黑工业大学的校园中建成。该住宅为边长2.65m的立方体，不仅集成了复杂多样化的住宅功能，其紧凑的尺寸也为微型建筑空间操作提供了极具价值的参考。

5 集约型设计
——微型紧凑之家

对起源的回归总是意味着对你习惯做的事件进行再思索，是尝试对你的日常行为的合理性进行再证明。在当前，对我们为什么建造以及为谁建造的重新思考中，我以为原始棚屋将保持其正当性，继续提醒我们关于建筑的原初性与本质的意义。[1]

——约瑟夫·里克沃特

人类生活在无始无终、无边无际的时间片段与宇宙空间中，因而关于"居"的思考中充满着对遥远历史的好奇以及对未来时空的幻想。在追求科学与快速发展的进程中，其膨胀的野心亦随之增加，对"宏伟叙事"的追求便成为 20 世纪建筑发展的主旋律。城市天际线愈建愈高、建筑体量呈等比数列递增、充满生机的大地不断地被人造物所侵蚀、自然变成了无足轻重的生存背景。当面对气候变暖、能源危机、环境污染、物种灭绝等生存乱象时，人类才意识到事态的严重性，各种解决方案纷呈出现，其中理查德·霍顿（Richard Horden）提出的微型建筑设计理念不失为解决问题的途径之一。"轻轻地与地球接触"是微型建筑的核心价值。"微型建筑"不仅是一种设计理念，更是摆脱当前生态危机的有效方法，霍顿从宏观的视野审视专业的局限性，以高度职业性的修养，提倡简朴的生活方式并使建筑与大地生态共存。

紧凑的空间布局、精致的产品制造、智能型模块化组织与环境适应性设计是霍顿构想中微型建筑的主要特征。在《微建筑：回顾过去与展望未来》（*Microarchitecture：Review of the Past，and Future Perspectives*）中，霍顿阐述了微型紧凑之家概念的缘起[2]。飞机激发了霍顿对微型建筑最初的灵感：在每周例行的飞行过程中，他发现数字化通讯、信息系统和娱乐设施可以被高度集成在长、宽、高分别为 0.65m×0.5m×1.5m 的舱位空间中，在微小、可调控的空间内，他可以获取大量信息与多样的体验。正是基于这种高效空间的体验，霍顿意欲创造出一个和机舱空间一样紧凑而便捷的居住空间。2001 年他在慕尼黑的建筑和产品设计研究所指导学生设计了一系列高质量的紧凑型可移动住宅模型。在 2.65m 见方的微型紧凑之家中，不仅满足了所有的基本生活需求，并运用新材料、新技术展示了当代微型建筑的精致细部。微型紧凑之家是高技、生态、节能与可循环使用的综合体，提倡尊重生态环境设计理念的同时，展示了当代制造技术的最新成果。

多义空间

1）空间布局

如何让物理意义上的有限空间在不同的时间、区间发挥不同作用、产生不同含义，以赋予其更多功能，从而实现更加丰富的空间体验，是微型建筑空间设计的重要原则。这种不同时间条件下内涵不同的空间可称之为"多义性空间"。微型紧凑之家平面呈带状布局，中间区域为入口通道，同时兼作厨房与餐厅活动区。其右侧为有供水设施的压缩层，容纳厕所、淋浴与厨房设施；左侧上部为睡眠区，下部为下沉式用餐区。在剖面上，底部为储藏空间、设备空间与局部下沉餐厅空间，厨房上部设有两层隔板，餐厅与睡眠区域一侧设

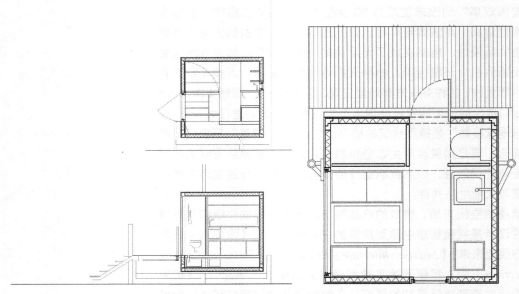

图1　微型之家平面图、剖面图

有通高储藏柜，空间布局紧凑而灵活，并有充足的采光与良好通风（图1）。

　　如果将微型紧凑之家与柯布西耶在1951~1952年间设计的马丁岬小屋（Le Cabanon）进行比较性分析[3]，可见在大多数微型建筑中，内部功能均是一个既分离又重叠并高度整合的逻辑系统。在马丁岬小屋的平面中，每两个功能空间之间并没有一般意义上对其分隔的墙体或隔断，二者的界限是模糊的。仔细观察可以发现，柯布西耶将"家具"作为空间划分的手段和实体。家具并非完全靠墙放置，部分家具紧挨墙壁而设，其余则与墙壁脱开一定距离。这与它们限定的空间内容相关，前者限定的是卫浴空间，而后者限定的则是相对开放的工作空间（图2）。微型紧凑之家的平面中同样没有分割空间的墙体，与马丁岬小屋不同的是，霍顿通过界面与家具的位移与翻转，赋予微型紧凑之家内部空间多义性。对人主要的活动起居空间进行剖切，该空间包含着复杂多样的功能诉求，在7.07m²的空间中，包含着客厅、卧室、厨房、餐厅等诸多功能。功能之间依靠设施的位移相互置换：当空间作为客厅或餐厅使用时，则走廊与开敞的厨房操作台均被纳入其中，在整体上形成完整的公共活动空间；当空间作为卧室时，用餐时上翻的床铺可以下置，而下方用餐的餐桌也可以收缩作为床铺使用（图3、图4）。或许受到了东方文化尤其是日本茶室文化的影响，在微型紧凑之家中，建筑、家具的概念被有意识地模糊，与其说是陈设分割了空间，不如说陈设自身就是空间的一部分，由此反映了微型空间高度集约的特征。

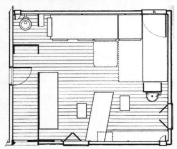

图2　马丁岬室内图（上）
　　　马丁岬平面图（下）

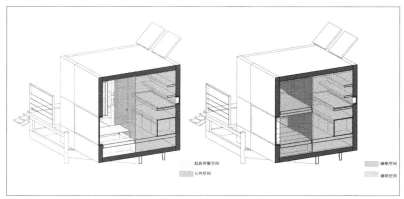

图 3 多义性图解

图 4 室内实景图片

微型建筑通常划分为两类空间：设施空间与行为空间，后者进而分为物理性活动空间及视觉感知空间。在传统建筑空间中，依据人的活动流线，其设施相对固定；而在微型建筑空间中，设施是活动的，人几乎处于相对静止的状态。在微型建筑设计中，通过设施自身的位移和互换来实现交通和流线空间的集约。

2）网格与尺度

解读微型紧凑之家的平面，可以发现边长 2.65m 的正方形中隐含着一套 4×4 的网格体系，空间以此为依据进行理性操作。除去墙体宽度，每一个细分网格边长约为 0.6m，其空间足以容纳一个成年人站立、端坐等大部分身体活动。入口通道约为一个网格宽，满足人正常行走基本尺寸要求；卫浴空间被压缩于单个网格内，厨房设施则可容纳几人同时操作；餐饮区占据两个网格，可提供 4 人同时用餐的空间，其上方休息区则满足单人睡眠的基本尺寸要求。在高度压缩的空间中，操作基本逻辑按照人体尺度进行定位（图 5）。

随着体积的压缩，二维化平面空间组织已经无法满足空间中的各种行为需求，霍顿在微型紧凑之家设计中建立了以剖面化设计为主导的空间组织方式。微型紧凑之家的净高只有 1.98m。除去

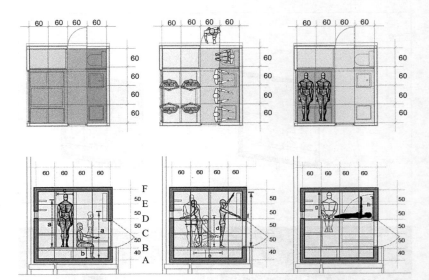

图5　人体尺度网格平面图解

图6　剖面网格图解

墙壁的厚度，内部空间在纵向上可以归纳为一个 4×5 的网格进行分析。不同于平面网格，剖面网格并非均质化。最下层的网格是 0.4m×0.6m，上方为均匀的 0.5m×0.6m 网格，横向 0.6m 的宽度与平面网格相对应。在纵向上，A、B 两轴间距为 0.4m，分别对应左侧下方储藏室和右侧座位下沉深度，40cm 亦吻合人体保持坐姿时膝盖的高度；B、D 两轴间距为 1.0m，作为窗户开启位置使人端坐时可以欣赏室外的景色；D、F 两轴间距为 1.0m，是成年人直立时双手触及范围的理想高度，亦可以满足人们在床铺上直坐以及平躺时伸出手臂时的高度 0.965m（图6）。

在微型空间剖面化空间组织中，人体作为具有高度灵活性和延展性的有机体，其尺寸与行为成为生成空间的重要参照。人在空间中的知觉活动有赖于身体条件和状态，空间被身体感知、体验，是身体和环境互动的介质。

界面设计与集成制造

1）界面设计

以微型紧凑之家为代表的微型建筑中，空间、结构与界面是具有真正意义的整体，随着建筑体积压缩，使用者对空间的整体性把握与体验增强；反之，则愈来愈片段化。理论上，微型建筑中居住者的生活方式决定空间内部功能与界面设计的复杂程度，行为主体的需求愈多，界面设计则愈复杂。而互联网时代以及智能性设施的增加，又赋予界面以数字智能化的特征。从家具与界面的融合到节能型与智能型部件的介入，均影响着微型建筑的界面设计。

微型建筑的界面设计强调通过其可变操作展现空间多义性。如整体套装方式：将围合空间的各个界面作为一个整体以抽屉推拉的方式，在母空间内收纳两层或以上的子空间，可根据需求的变化，将子空间推出，形成新的空间序列；轨道拉伸方式：将功能载体简化成附着在界面上的模块，压缩在单一的几何空间中，通过轨道拉伸衍生出新的空间。上述过程具有可逆性，可以演绎成对某一几何空间的切割、附着与拉伸；机械联动方式：该类型的操作过程较为复杂，其工作原理是通过机械主动地实现构件在三维空间中的移动，是功能高度集约化的界面处理方式；轴向翻转方式：传统建筑界面包括墙体、天花和地面可以通过翻转，使内部空间与外围空间建立新的联系，形成内外之间的灰空间。

微型建筑界面设计的核心价值在于对高效空间的构建，主要体现在三个方面：首先在于微型建筑内部空间的高效性设计与利用，同时结合墙体的翻转与周围空间、环境有机共生；其次，对人类既有建筑环境的有效更新，将消极的空间转变为积极的姿态，创造高效的城市、建筑机能；第三，以建筑微型化为主导的自然空间利用的高效化（图 7）。微型建筑环境的可适应性意味着其面对复杂的世界，可以给出不同的解释。

2）集成制造

柯布西耶在《走向新建筑》（*Vers une Architecture*）中专门论述了船舶、飞机、汽车制造的精确性与效率，以此提出建筑业向制造业学习的必要性[4]。"建造"对应"建筑"，而"制造"则对应"产品"。在制造业领域，由于产品尺度小，制造体系相对较易建立。而微型紧凑之家通过集约性设计使其尺度趋于产品化设计，在建造过程中可以与制造业有效对接。

解析微型集约之家的制造过程，建筑可以分解为四种预制与装配系统：外围护系统、底座支架系统、配件系统与家具系统（图 8）。以上均由奥地利一家工厂预制完成，通过自动化控制机器操作以确保其精确性。该产品化生产方式与汽车、飞机制造工艺极为相似，微型紧凑之家产品化的制造体现建筑由传统自下而上的手工艺建造

图 7　微型建筑的高效性与适应性

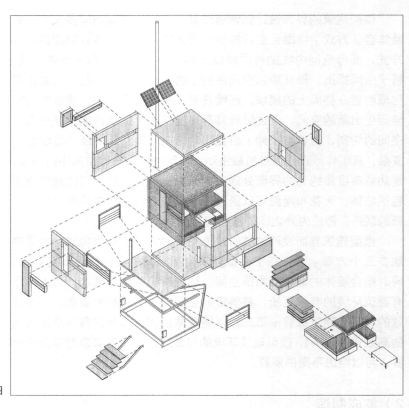

图 8　构件分解图

图 9　吊装图

向模块化建造的转变趋势。不同于简单的串联式流水线制造，当代制造由简单零部件的批量生产向高层级模块体系跃迁。

在现场装配过程中，仅重 1.8t 的微型紧凑之家可采用卡车、升降机、直升机等多种装配与吊装方式（图 9）。在工厂预制完成建筑主体后，借助于直升机运输到指定地点，地面安装人员通过与直升机驾驶员之间沟通对接，并用直径为 35mm 的螺栓将建筑固定在预先打孔的铝制框架上，完成整个吊装过程只需 5 分钟。

可适应性

1）可适应性

微型紧凑之家整体可分解为两个部分：建筑主体与基座框架。霍顿有意识地将建筑安置于抬高的基座框架上，使建筑主体相对独立。三角形框架的三个支点是与场地联系的纽带，通过点的方式与大地轻轻地接触，不破坏原有生态环境。支架均匀分配上方建筑荷载，同时可根据实际需求调节高度；与三角框架相连的是四边形平台，提供建筑的入口空间；建筑主体部分则镶嵌于多边形构架之上（图 10）。

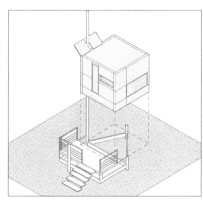

图 10　分解图与实景

与多数传统建筑锚固于其所处场地不同，微型紧凑之家作为集约性建筑设计的原型，具有产品特征，可适应于不同的场地环境，从而具有较大的潜在使用价值。微型紧凑之家既可以被用作具有社会属性的单身公寓或者学生宿舍，也可为短期商务出差或度假野营提供临时住宿；既可以以单体或群落的方式坐落于自然环境中，降低对环境影响的同时可作为应对极端自然条件的操作策略，也可以"见缝插针"地嵌置在城市缝隙中，分时出现在城市广场上、道路两侧的林荫大道旁或悬挂在高架公路底界面上；既可以季节性地出现在风景名胜区内，成为度假型设施，也可以在荒无人烟地成组团地围合成安全的场所。

在能源使用方面，微型紧凑之家作为一个相对独立的生态自维持系统具有较强的环境适应性。其安置在屋顶和桅杆上的太阳能电池板与纵向风力发电机可为其提供清洁能源，以保证日常生活的基本能源需求，有效地降低了建筑本身对环境的依赖性。

2）聚落组合

霍顿将微型紧凑之家作为模块单元，通过群体组合形成紧凑的聚落。在开阔地带，单元可以进行水平维度上的组织与延展。以位于慕尼黑的"O2 聚落"（O2 Village）为例，平面呈鱼骨状展开，模块单元沿中间抬升的通廊错位设置，构成可供每户独享的景观院落，并保证每个单元的通风与采光需求；在垂直维度上，部分模块单元可以提升至二层标高，营造高低错落的有机形态。错位布置使得二层单元可借用一层屋顶作为平台，其下方提供停车空间，使得群体空间利用更加紧凑、高效（图 11）。在城市密集地带，单元组合则可多层叠合，形成垂直单元的群体村落。霍顿在"树村"（Tree Village）设计中运用钢柱构建密集型芦苇状框架体系，与周边自然环境或城市建筑的垂直元素相呼应。电力与上下水设施集成在垂直圆形钢管内。中心区域设置电梯与楼梯，微型住宅单元布置在交

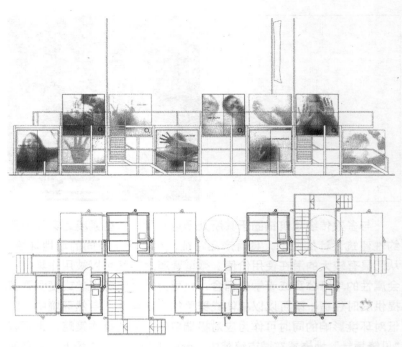

图 11 "O2 聚落"（O2 Village）平面、立面

图 12 模型图片

通核心筒的周围，便于提供最大的开放度，在建筑获得自然采光与通风的同时获取良好的视野，结合错位设置形成开放的空间平台（图 12）。

以微型紧凑之家为原型的模块化单元组合从局部到整体均体现集约性设计。以铝材为基础材料的模块单元更加轻盈，并可借助起重机进行模块的替换、增加与移除，从而不断优化与使用对象相适应的空间布局模式，同时体现对建筑全生命周期的思考。而这似乎是对 20 世纪后半叶日本"新陈代谢"理论的再次诠释，将现时与未来不同时间段并置进行系统性思考。相比之下，20 世纪六七十年代的设计仅仅作为一种试验，体现对未来设计发展的预知性，受到当时社会、经济、技术等种种因素的制约。而当今诸多问题已迎刃而解，微型模块单元更加轻质、高效，单元之间组合、连接更加灵活，产品的环境适应性更强。

结语

与柯布西耶的马丁岬小屋相比，霍顿的微型紧凑之家具有更加普遍的意义。微型紧凑之家从某种程度上构建了当代微型建筑模型：这并非是一个简单的生存性设施，而是在履行建筑生态学义务的同时，满足人类的舒适性与情感性需求。微型紧凑之家虽然体积小，但其设计方法与建造模式展示了霍顿推动微型建筑发展的理念和行动。霍顿所阐释的微型建筑既是对农耕文明手工艺建造尺度的高度

回应，亦在制造技术与材料上回应了当代先进的生产方式。 创新是
建筑师孜孜以求的梦想，在历史进程中从未间断过。风格的更替、
形式的演变、技术的应用与跨学科借鉴等推进了人类文明的进程。
然而，建筑师以什么样的角色参与到建筑实践中以应对全球性生态
危机，需要进行深度反思。事件的发展时而渐变、时而突变，建筑
师如何去捕捉时代的律动、克服传统思维惯性，将职业实践的目标
定位在更加客观系统的层面，是一个值得深思的问题。

注　释：

1. 约瑟夫·里克沃特著. 李保 译. 亚当之家——建筑史中关于原始棚屋的思考
　 [M]. 北京：中国建筑工业出版社，2006：198.
2. 杨怡，杨坤. 微建筑：回顾过去和展望未来 [J]. 建筑细部，2005（2）：21–
　 29.
3. 袁海贝贝，陆伟. 返璞归真——从原始棚屋到微型之家 [J]. 建筑师. 2014
　 （01）：18–23.
4. [法] 勒·柯布西耶. 陈志华 译. 走向新建筑 .[M]. 西安：陕西师范大学出版
　 社，2004：64–109.

第四篇　容积规划

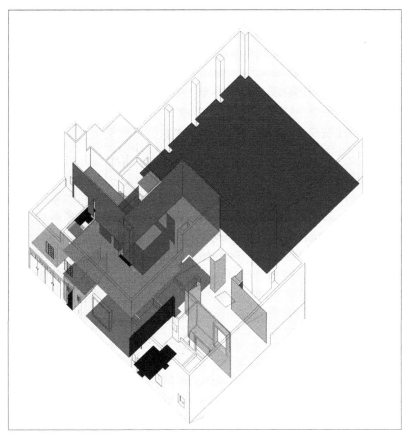

图 1　巴拉干自宅

图2　加西利亚现代艺术中心

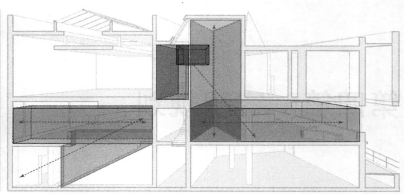

图3　加西利亚现代艺术中心剖面

图4　加西利亚现代艺术中心室内

　　在中国建筑教育界，以柯布西耶为首的现代建筑空间组织方法和以赖特为首的有机空间生成方式并不陌生，然而像阿道夫·路斯（Adolf Loos）这样一位历史上重要的建筑师，其空间操作方式只是片段地出现在教科书中。近几年来部分学者开始对该分支产生浓厚的兴趣，诚然对路斯作品的阅读并不多，然而从路易斯·巴拉干与阿尔瓦罗·西扎（Alvaro Siza）的作品中能感受到路斯的在场。路斯反对建筑的装饰性，追求建筑的体量感、简洁的外形和丰富的内部空间，构建空间层次和空间氛围。可以说巴拉干与西扎从路斯的作品中吸取了灵感并汇聚各家所长成就了各自的经典之作。

　　巴拉干自宅（Casa Barragan）所呈现的是神秘的空间氛围，其空间是内心世界的外在呈现。强烈的空间场景、迷宫般的路径、独特的色彩以及光影的营造成就了建筑师心中的梦境与独立的王国。这栋建筑既是巴拉干内在情感的表达、地域文化的呈现，又是一座当代意义上的住宅。巴拉干是一位自省的观察者，善于从自然中发掘出让人宁静的场所氛围。仔细回味这栋住宅，有时会感到，也许方法是可以通过逻辑分析进行理解和掌握的，但如果缺少悟性与极深的艺术修养，恐怕难以塑造此般的空间氛围。每个人心中都有属于自己的家，灵魂在此得以归宿。

　　西扎是一位集大成者。他的作品既呈现了现代建筑的理性，又具有阿尔瓦·阿尔托的空间灵性，同时结合特有的场地进行精准地营造。在空间组织上，可以感知他以雕塑家的方式精心地、慢慢地揣摩每个空间的特征。画图的笔仿佛是切削的刀，在别人不以为然的角落处进行或深或浅的切割，从而将光线以不同层的反射、直射或折射的方式引入室内空间，让人在漫步的过程中获得别有洞天的感受。行走其中时，需静静地品味才能领悟其形式生成的真谛。

路易斯·巴拉干于 1947 年在墨西哥塔库巴亚区的拉米雷斯将军街上修建其自宅兼工作室。建筑于 2004 年被列入世界建筑遗产。

1 内向的空间
——巴拉干自宅兼工作室

　　路易斯·巴拉干（1902-1988 年）作为墨西哥著名建筑师，其建筑思想的形成主要受到三个方面的影响：首先是墨西哥文化，包括印第安时期的传统以及殖民期的西班牙文化；其次是地中海文化，包括费迪南·贝克（Ferdinand Bac）的庭院意向等；最直接的是欧洲现代主义运动，包括他在美国遇到的壁画家何塞·克莱门特·奥罗斯科（Jose Clemente Orozco）和建筑师弗雷德里克·基斯勒（Frederick Kiesler），以及勒·柯布西耶等的现代主义理念。在巴拉干自宅兼工作室方案中主要体现了他的空间三维性思考，他试图取消传统空间在平面组织中"层"的概念，从空间"体积"的角度入手，对空间关系进行三维向度上的组织。同时，巴拉干从传统文化与地域建筑中提取形式要素，结合墨西哥地区强烈的光影效果对空间氛围进行塑造，从而超越了机械的功能主义，为人的精神世界提供了诗意的栖居之所。

容积规划

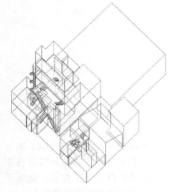

图 1 巴拉干自宅空间的三维组织

巴拉干自宅的空间特征主要反映在对空间单元的塑造以及空间关系的组织上。首先关注直接围合生成空间的界面，即墙面、天花、地板等，对其色彩、形式、材料等进行具体设计，从而形成各个房间的不同特性；其次关注空间单元立体组织，通过对空间体积的具体设计，产生不同于传统功能主义平面空间组织的方式。对自宅的阅读仅通过平面或剖面无法获得空间的整体印象，需要借助身体的体验，随不同标高的移动感受不同的空间氛围。在简洁的体量中，通过楼梯与台阶整合具有差异性的房间群，在保留内部空间分割与空间差异的同时，取得空间的关联性（图 1）。

自宅中所体现出的空间特点受到阿道夫·路斯"容积规划"思想的影响，这在巴拉干与奥地利建筑师弗雷德里克·基斯勒（Frederick Kiesler，1890-1965）关于路斯空间原则的谈话中有所提及，他认为容积规划是不同于机械功能主义的设计思想与方法。关于"容积规划"，路斯本人并没有明确提出过，而是在1931 年，路斯的学生亨利·库尔卡（Henry Kulka）首次对容积规划这个概念做出了阐释："对空间布局通过不同高度来进行自由组织，不只是局限于单一楼层的设计，通过该方法将所有的房间组织成一个和谐而不可分割的整体，同时满足了最为经济的空间利用。路斯对房间大小长短以及高度的设计，根据房间的不同用途及其重要性，进行具体应对。"[1]宾夕法尼亚大学教授戴维·莱瑟巴罗（David Leatherbarrav）将路斯的"容积规划"与后来的"自由平面"（free plan）进行对比："开放性或互联性"（openness or interconnection）是"容积规划"区别于其他空间状态的主要特质，在空间取得关联性的同时包容并整合了有着剧烈差异的不同空间，保留了内部空间的分隔以及各空间之间的差异。整合的多样性（integrated diversity）是容积规划空间思想的起点 [2]。

"之间"的关联性

研读巴拉干自宅兼工作室平面（图 2），其采用二分法设计，通过起居与书房两层通高空间统领并分隔了居住与工作两大主要功能区域。居住区域门厅作为该部分的主要交通枢纽，一层绕其布置厨房、餐厅、起居与书房，二层主要联系主卧、音乐室以及客房等，居住部分的三层辅助房间主要通过南侧旋转楼梯与一层车库与厨房相联系，有效对主客流线进行区分；工作区域与住宅仅一墙之隔，包括办公辅助用房和主要的工作间，通过前厅与街道相联系，两层

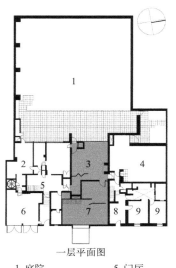 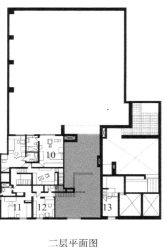 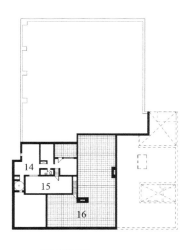

一层平面图　　　　　　　　二层平面图　　　　　　　　三层平面图

1 庭院	5 门厅	9 办公室	13 私人办公室
2 厨房	6 车库	10 主卧	14 客房
3 书房	7 起居室	11 客房	15 服务间
4 工作间	8 前厅	12 起居室	16 阳台

图 2　巴拉干自宅平面图

的办公室三面围绕内庭布置，高墙围合下的庭院为这片区域提供静谧氛围。工作间西侧通过半围合向天空敞开的庭院与室外庭院相连接。对巴拉干自宅兼工作室的分析如果仅从平面入手未免落入功能主义的划分方法，该作品中的平面不再是空间生成的"引擎"，而只能部分地表达空间组织，平面上墙体的划分不再是限定空间的唯一手段，更多是空间高度的变化使空间在垂直向度上得到延伸与连接。

　　在空间立体构建中最明显的是对平面中走廊空间的取消，对空间本身的关注使房间根据功能性质的不同产生相应体积，从而产生在垂直方向上的空间划分。路斯认为：以前的建筑师会将卫生间的高度同书房设计得一样，这是简单的从平面组织空间产生的结果，路斯对待功能需求较矮的房间，会具体在空间高度上对其进行设计[2]。在空间具体高度的设计上，主要的空间如起居与书房设置为二层通高，工作间同样为较高空间，辅助房间如办公室等则相对低矮。将不同标高上的空间单元借助门厅串联在垂直交通上，借助台阶与踏步连接至各个相对独立的房间；在体块组织上，每个房间均有不同的体积，不同的高度，所处位置也不尽相同，空间之间的组织在三维上展开，就像是一个有着不同体积的空间单元的七巧板拼图（图 3）。

　　对巴拉干自宅的理解并非仅凭对平面、剖面的阅读，对空间设计的整体性感知以及空间关联性的理解更多依赖于移动中的身体体验，从而完成对建筑性格、空间氛围的把握。在巴拉干自宅中，对玄关—门厅— 起居室— 书房—工作室这一组空间序列的营造为例：

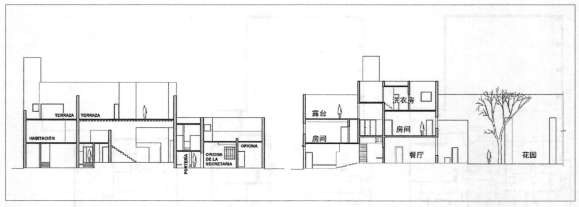

图3　巴拉干自宅剖面图

由窄而矮的大门进入 2m×6m 的玄关，纵向布置的板凳和墙面板引导人们进入前方门厅；门厅位于其中部，为 6m×3m 的扁平空间，对门厅上方进行体量的切割，使光从高侧窗进入通过墙面反射进入门厅；从右端选择进入起居室和书房这一 15m×6m 的两层通高空间，起居室面向花园 4.5m 见方的十字窗框落地窗嵌入在厚重的墙面中，与墙面无框的交接将庭院的景观引入室内；空间的狭窄与宽敞、昏暗与明亮形成了鲜明的对比，同时对空间单元的体积、材料、色彩的设计营造不同的房间氛围，通过行走路径体验，从中感受空间单元之间精心设计的关联性。

形式生成

1）几何关系

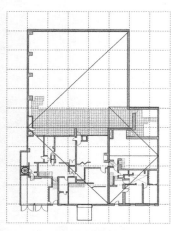

图4　首层平面几何构成
（1M=4.25m²）

巴拉干自宅的设计似乎是关于纯粹几何形式的实验，通过图解平面与立面，明显可以感知空间分隔与形式生成所依托的严谨几何秩序。他认为"如果我们试图创造的美丽建筑形式需要与景观相和谐，我们不得不选择极端简洁的形式：直线、平面、基本的几何图形"[3]。

如果对平面进行图解分析，巴拉干尝试建立一套基本网格作为生成设计的几何依据，以 4.25m² 作为分析平面最为合理的单元模块（M），将首层平面与基础网格进行叠加，通过平面网格的建立确定空间的比例布局，从中抽象出空间分隔的比例关系。巴拉干自宅由三个主要区域组成：住宅、工作室、庭院，每个区域均可以通过正方形或是两个正方形组合进行限定（图4），花园区域大致为 5m×5m 大小的正方形，住宅区域为 4m×4m 的正方形，工作室区域由两个 2.5m×2.5m 的正方形组成。将三个区域面积比例与约瑟夫·阿尔伯斯（Josef Albers）的油画《正方形礼赞》

进行对比，发现其与阿尔伯斯绘画中不同颜色面积比例之间存在相似性（图5）。此外，在巴拉干自宅中多处展示有《正方形礼赞》，如书房中十字景窗侧墙上悬挂有"黄—橙"色彩绘画，在书房半围合区域的桌面上放置有"黑—蓝"色彩绘画，可见巴拉干对绘画中抽象的体积、形状、颜色和肌理非常欣赏。可以推测，巴拉干在形式生成时通过刻意寻求绘画中显示出的比例系统，从而形成如绘画中的和谐比例的追求。

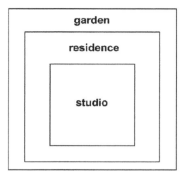

对立面进行图解分析，整座建筑面宽约30m，进深约42m的矩形体量，通过高大的院墙围合，进而从街区中分隔出来，院墙上几乎不开启洞口，仅仅向天空开放。立面为平涂的灰泥抹面，开窗大小不同，不存在任何提示楼层分割线的要素存在，同时开窗位置几乎不在同一高度上，其内部空间构造的复杂性略见一斑。对立面窗户的尺寸、轮廓、比例的研究与巴拉干自宅所展现出的简洁性与空间特点息息相关。所有开窗分隔与格栅形式的确定均是基于正方形的变形。沿街立面开窗如卧室窗户、更衣室、资料室、通风口、车库和浴室均是基于正方形进行布局，办公室的窗户是基于正方形的变形，开窗面积与格栅面积的划分比例分别是6∶5和7∶6（图6）；面向花园的立面通过片墙划分为两个部分：起居室区域、餐厅厨房区域，考虑立面上烟囱的高度，将其分别控制在两个正方形中（图7）。选取该立面上的开窗进行具体分析，窗户的形式同样是对正方形模块的细分或增加。看似无规律可言的立面设计，既是内部空间的真实反映，亦遵循严谨的几何秩序，共同营造建筑形式的简洁与和谐。

图5　巴拉干自宅功能比例关系对比《正方形礼赞》

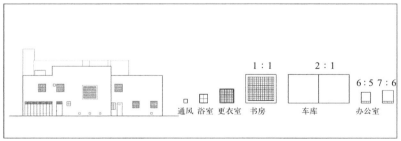

图6　沿街立面开窗比例分析

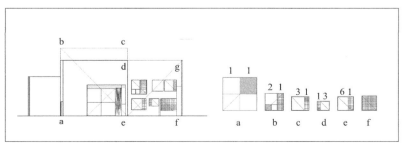

图7　面向花园立面开窗比例分析

图 8 巴拉干自宅玄关

图 9 巴拉干自宅门厅

图 10 巴拉干自宅起居室与书房

2）色彩构成

巴拉干的建筑形式通过墙体不同的高度与颜色进行构建，通过对空间深度感知，建筑作品呈现出某种程度的神秘性与抽象感。住宅中使用的颜色包括黄色、紫色、粉色、红色、深棕色、中性灰色与白色，巴拉干并未遵循任何的色彩理论系统，而是从墨西哥传统建筑中提取色彩。同时，巴拉干在使用颜色时并不强调材料的本来属性，他更关注于通过颜色的表达来生成其心中的形式意向。

在自宅中，大多数墙壁均涂上白色，作为主要色系定义向外扩展的空间，某些房间重要的墙壁涂以彩色，如进入玄关时，室内昏暗的光线与街道开敞明亮的影像形成对比，来自侧面隐藏在墙里的灯光射向黄色的抹灰顶面反射至火山岩的深棕色地面照亮进入门厅的台阶，门厅中正对玄关的墙面上涂以粉红色，来自斜上方的光线经过折射散布到粉色墙面上，自然地引导人们进入到前厅（图 8）；进入门厅，来自楼梯上方角窗的光线照射在墙面上马赛厄斯·吉奥瑞斯（Mathias Goeritz）金色油画上，光线渲染出门厅温馨的氛围（图 9）；在起居室与书房中，通过空间顶界面布置的深棕色的木梁将两个空间联系成为整体，同时平衡地板的黄色，两个区域通过矮隔墙和屏风进行分隔，使其在人活动的区域保持相对独立性，视线与光线可以在上部得到连续（图 10）。巴拉干自宅中色彩与墙面的三维空间构成使人联想到里特维尔德的施罗德住宅（Gerrit Thomas Rietveld, Schroder house）和凡·杜斯堡的空间构成（Van Doesburg, Contre-construction）（图 11）。

抽象表现主义画家旨在追求纯粹的形式表达，他们多从自然中获取灵感并创造纯粹的形式、形状和颜色。在凡·杜斯堡早期窗户设计中展示了一系列抽象流程，将自然图像抽象为几何图形，这是抽象表现主义的经典范例。该理念同样影响到巴拉干对墨西哥的自然风景以及传统建筑的转译，将传统形象进行抽象，提取出自己建筑中新的语汇。传统建筑特殊的光影和色彩亦组成了巴拉干基本的建筑语汇，他从传统建筑中提取光影的强烈对比，简洁的几何体块，实用的建筑功能，当地的材料和技术，丰富的建筑色彩，巴拉干巧

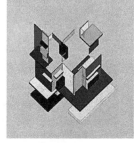
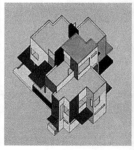
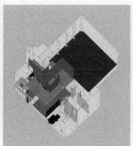

图 11 巴拉干自宅色彩构成
左：凡·杜斯堡《空间构成》；中：凡·杜斯堡《住宅设计》；右：巴拉干自宅中色彩构成

妙地将这些元素运用在设计中，构建了内向性的诗意空间（图12、图13）。

结语

　　光经过反射、折射和过滤，与阴影结合，共同影响着观者的情感，引导人们去思考、体验。墙的包围使人感到自己所处地点的场所性。视线和光线得到阻挡，围合出内向、灰暗的空间，人们得以在其中冥想、沉思和修道。光通过色彩的渲染进入空间，给空间赋予自然的气氛，将建筑与自然环境结合在一起，粉红、黄、淡紫等颜色在阳光的照射下，形成巴拉干独特的色彩处理方式。游历这座建筑仿佛经历了人生的不同阶段，正如巴拉干所言，"我的建筑就如同我的自传一般"[4]。

图 12　奥罗斯科《墨西哥村庄》

图 13　巴拉干自宅庭院体量光影关系

注　释：

1. 转引自 Max Risselada, ed., Raumplan versus Plan Libre：Adolf Loos and Le Corbusier，1919–1930（New York：Rizzoli，1987）：79.
2. Leather barrow D.The roots of architeatural invention：site, enclosure, materials[M].cambridge universitg press,1993.
3. Tonkao Panin, Space–Art：The Dialectic between the Concepts of Raum and Bekleidung（PHD diss；University of Pennsylvania，2003）：5.
4. Luis Barragan's Acceptance Speech.

加利西亚现代艺术中心坐落于西班牙历史古城圣地亚哥—德孔波斯特拉市。建筑所处的场地呈不规则形，由葡萄牙建筑大师阿尔瓦罗·西扎设计，于1993年建成，主要包括展厅、礼堂、图书馆和办公区。

2 空间的雕琢

——加利西亚现代艺术中心

阿尔瓦罗·西扎的作品具有独特的魅力，漫步其中能够体验其形式的纯净、空间的曼妙和场所的精致。他承继并发展了勒·柯布西耶的现代建筑理念、阿道夫·路斯的容积规划法与阿尔瓦·阿尔托的地域性设计思想。扎根于葡萄牙本土，精心地设计每一栋建筑，构建建筑与场地之间关联性，使建筑与人文景观、自然景观融为一体（图1）。

加利西亚现代艺术中心（Galician Center of Contemporary Art）（图2）（以下简称"艺术中心"）场地呈不规则形（图3），西南部为城市居住区（A），北侧为体育场（B），东侧是圣多明戈伯纳

图1 建筑与周边环境肌理关系

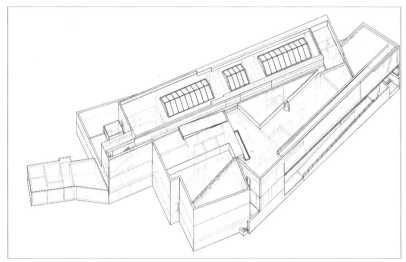

图 2　加利西亚现代艺术中心轴测图

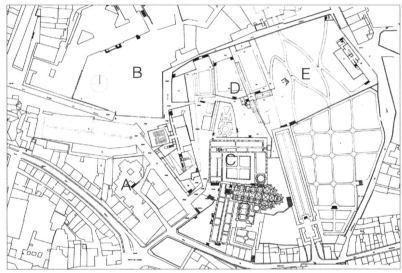

A 城市居住区
B 体育场
C 圣多明戈伯纳瓦女修道院
D 修道院花园
E 大型公共花园

图 3　总平面图

瓦女修道院（Santo Domingo de Bonalval）（C），东北部是修道院
花园（D），再往东是大型公共花园（E）。空间布置围绕线性走廊展
开，建筑以简洁明快的形式、融于特定的环境。

场地逻辑

　　场地设计的优劣是检验建筑师对建筑所处环境整体性把控能力
的关键因素。西扎的建筑无论位于自然环境还是城市街区，均呈现
出对场地特有的尊重。他认为建筑师并没有发明创造，只是反映现
实。西扎参照原有城市文脉肌理寻找场地的线索与空间秩序，在现
场调研的基础上，通过几何定位与操作推演建筑边界，结合空间布

图 4　建筑边界控制线生成

图 5　建筑与周边环境有机关系

入口平台

入口坡道

图 6　建筑入口处与周边
环境渗透关系

图 7　黄金矩形构图

局与人的行为规律雕琢地形，力求建筑与场地达到微妙的平衡，在复杂的城市环境中建立和谐的亲地关系。

建筑边界来自于对城市肌理的逻辑性推导，通过边界处理并形成建筑与环境的对话。首先是主体边界定位，场地西侧的居住区建筑布局相对独立且略显散乱。西扎将建筑西侧边界平行于城市街道，与居住区的外围建筑界面构建城市街道空间，并成为城市设计的积极因素。场地东侧是修道院与花园，它们的外轮廓线呈现出"之"字形的动势，建筑东侧边界并未与修道院齐平，而是采取与东侧花园大道中轴线平行的做法。在此基础上，西扎对边界进行更加细微的调控，由居住区边界平行与偏转生成西侧边界，东侧边界与修道院边界之间形成一个楔形空间（图 4），从北侧的修道院花园回望，艺术中心的体块组合与修道院的体量高度相似（图 5）。这种提取既定城市元素界定与生成建筑的方法反映了西扎谨慎地对待环境的态度。依据上文推断，还原总图设计过程：西扎首先提取周边建筑肌理形成三条建筑控制线，进而从内部空间需求不断丰富空间形式并进行边界微调，通过界面处理使内外空间形成有效的对话机制。

基地所处的伊比利亚半岛地势高低错落，其民间传统的场地处理方式为西扎提供了良好的创作素材，在协调建筑与复杂地形关系的表现上独到而娴熟。艺术中心用地东高西低、北高南低，为减轻对地形的破坏，西扎将建筑的东北侧一层空间楔入地下，而面向城市干道的建筑西南侧暴露于外；并设置坡道，通向一层平台，同时设置入口。这样既化解了高差，又营造出有趣的入口空间序列（图 6）。

几何操作

西扎的建筑在丰富的空间背后隐含着体系化的几何操作方式，并遵循一套完整复杂的几何秩序，以此作为空间的生成依据。"……这种简洁被一种深层的复杂性所揭示（图 7、图 8）。在创造性的背后存在着一种对建筑的精心把握和控制。"[1] 看似不规则的界面，却具有严谨的几何对位关系（图 9）。西南侧外墙线、走廊的东侧墙线以及东南角楼梯栏杆线，都是由建筑外某一点（图 9A 点）延伸而成；入口平台承重短柱，主入口门框，过厅与门厅隔断的边缘，门厅通向报告厅前厅隔断墙的边缘，前厅与报告厅的锐角转接处都在同一条直线上（图 9，直线 B）。该对位方法则使得建筑中各个元素相互依托，揭示出形式背后的深层数学逻辑关系。

艺术中心的图解分析表明：在几何关系上，西扎运用 L 形与矩形两种不同的几何原型进行空间与体量组织，建筑各元素之间具有严谨的对位关系。主体部分既可以解读为两个相互错动的 L 形，又可以阅读为两个矩形的错位叠加。建筑的 L 形叠加解读源于场地中的三条建筑控制线，进而形成两个 L 形体量，相互挤压，在几何中心处设置一条上下起伏的路径作为空间体验轴，从而进行空间组织。而建筑的矩形叠加解读则始于两个并列的正方形所形成的主体矩形，依据周边环境置入另一矩形与之成 20° 错位交叠，进而对其进行切割与修正，从而确定建筑边界，东北部的外墙与西南部的片墙是修正后的结果。在充分考虑内部空间与外部场地约束条件后，西扎对建筑对角位置进行加减法体量操作，可以理解为将西南角体量切割位移至东北角，同样原理将西北角体量位移至东南角，对角图形的体量关系几乎相等印证了这一推测（图 10、图 11）。

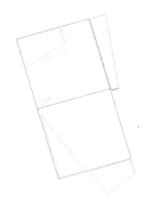

图 8　方形构图母题

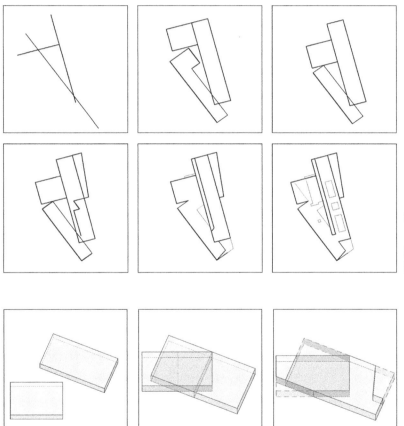

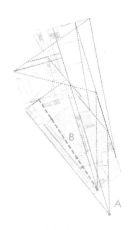

图 9　几何对位关系

图 10　建筑控制线与体量设计路径还原

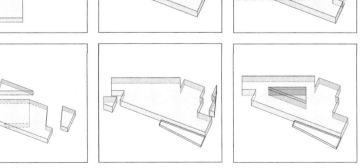

图 11　几何操作手法

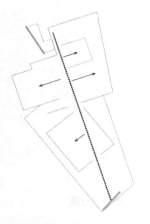

图 12　各功能空间渗透关系

空间操作

西扎延续并发展了现代建筑关于空间操作的主线，其对空间的敏锐捕捉，呈现出以下系列特征：善于进行空间的复杂性求解，并形成空间的暧昧性阅读，光影组织更加强化空间的虚幻性。

运用不同几何体量进行叠加、穿插，从而形成多重阅读的可能性。作品运用透视法进行空间校正，空间序列围绕几何中心处的空间体验轴展开，将人们引导至不同的位置与空间节点，形成不同的空间影像。同时与传统箱体空间不同，各个功能空间自然散布在体验轴两侧，各自既独立又相互渗透。在切割后的不规则体量中寻找几何中心并设定其南北长轴方向为主轴，东西短轴为入口层平面南北部分的分界线，并以锐角楔形进行断裂式切割，有趣的是传统几何中心并未形成具有等级体系的中心空间，而是被一系列锐角空间、墙片、楼梯所消解。尽管作为中心空间的主体地位消失，然而作为有趣的空间节点却被特意强调了（图 12）。

艺术中心具有清晰而复杂的路径，从起点到终点，各个空间节点收放自如（图 13）。首先由一条坡道联系建筑入口平台与城市周

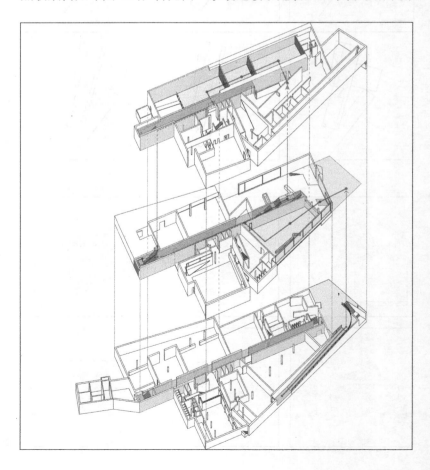

图 13　建筑各层剖轴测

边环境，入口平台处，深灰色的门框与透明玻璃嵌入在厚重的墙体中，这种异质化处理形成了视觉焦点，特殊的地面铺装强化了这种感觉，引导人们进入内部空间；条形服务台和连续的楼板界面引导人们从前厅进入门厅；进入中心条形通道后，沿空间体验轴，空间开始收缩，转向通往二层的楼梯；到达二层之后，展览空间逐步展开，依次浏览后从北侧的楼梯回到一层。西扎深受路斯影响，在整体建筑空间布局框架确立后，他会对次级空间体系进行精心雕琢，从而有意识地消解人们在行走路径上对空间的惯性阅读。此外在空间组织中，斜线与锐角的运用，形成了复杂的路径与空间形态（图 14、图 15）。

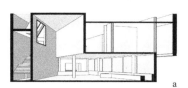

图 14　复杂路径与空间形态

运用规则几何进行叠加，错位组织空间并使置身其中的人无法进行可预知性的空间体验，这是现代建筑空间组织的魅力所在，西扎成功地做到了这一点。空间的不确定性体现在表皮与空间、内部空间与外部景观之间若即若离的变换关系。在处理内部空间时，以几何形体形成的控制线为基准，对围合空间的界面进行精心雕琢。在竖直界面上，依据视线分析与光影需求设置窗户并自由分割；在水平界面上，根据不同需求调整顶棚与楼板的高度；在水平界面与竖直界面交界处，通过巧妙地切削引入自然光线（图 16）。对内部

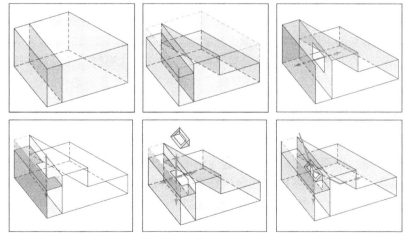

图 15　空间体量容积规划

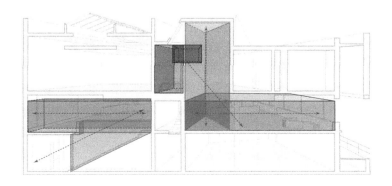

图 16　空间的不确定性组合

空间进行层化处理，光线在不同位置对空间的投影亦增强了空间的游离感。

平面解读

行走在西扎设计的建筑中，其空间的模糊性、弥漫感让人似乎身处一座迷宫之中，以至于如果不去分析平面图就难以对空间进行清晰的定位。在艺术中心中，相比于几乎铺满的地下室与顶层平面，入口层平面充分展示了西扎处理建筑空间与环境的智慧。建筑入口层设有楼梯长廊指向性很强，周边的空间也均以各种方式与城市空间对话。体验轴西侧部分，在整个建筑体量中占有重要的地位，东部的条形体块是明显的衬托体，各层均以些许笔墨处理两者之间的过渡空间。艺术中心同时又是以正方形为构图母题展开空间组织的。平面中存在多个大小不一的正方形控制线（图17），平面布局是各种力线交错咬合并进一步细化的结果，一方面加强了平面的动态性与韵律感，另一方面为塑造和划分内部空间提供了依据。

精读一层平面（图18），其呈现出复杂的空间关系。西扎利用两个大小不一，边长几乎都为1：2的矩形进行错位叠加，形成了复杂的几何图形。接着将主要交通路径贯穿南北，以重要的纽带联系两组空间。即外墙界面像S形折线环绕中心轴（图19）；以及大小不一的方形与长方形单元以平行或垂直的方式围绕轴线设置，形成动态空间与单元，两者均呈现了均衡并且向外扩展的态势。

通常建筑师的空间想象力反映在平面图的表达上，在结构体系初步确定后，空间组织的学问则反映在各层平面的设计中。西扎在该作品中，当几何边界确定后，其平面构成充分展示空间设计才华。以西北部的独立体量为例（图20、图21），地下室部分基本上依托于主要展览路径进行正交网格布置，可以看成是两个矩形成90度的叠加（图22a），大、中、小型空间围绕中间的交通枢纽，有序组织空间。然而一层的平面布局则完全迥然于地下部分，主体空间为完整方形，通过体量切割使其独立于东部的矩形体量（图22b）；一横一竖的单跑楼梯沿方形南侧与东侧布置，不仅在空间构成上形成动态感，同时亦强调了该层空间的重要地位；西向锐角的切割与北向两体量之间的空间体块的抽离则强调了主体空间的独立性。而二层平面则明显以三角形为中心进行空间排列（图23）并终结于三角形中庭两侧边界的延长线上。屋顶平面表现为方形体量与三角形整体关系的交叠（图22c）。一系列的平面变化反映了西扎空间组织的技巧，该方法贯彻于建筑平面的各个层级中。

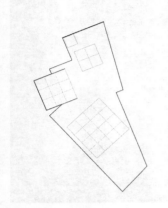

图17 正方形单元

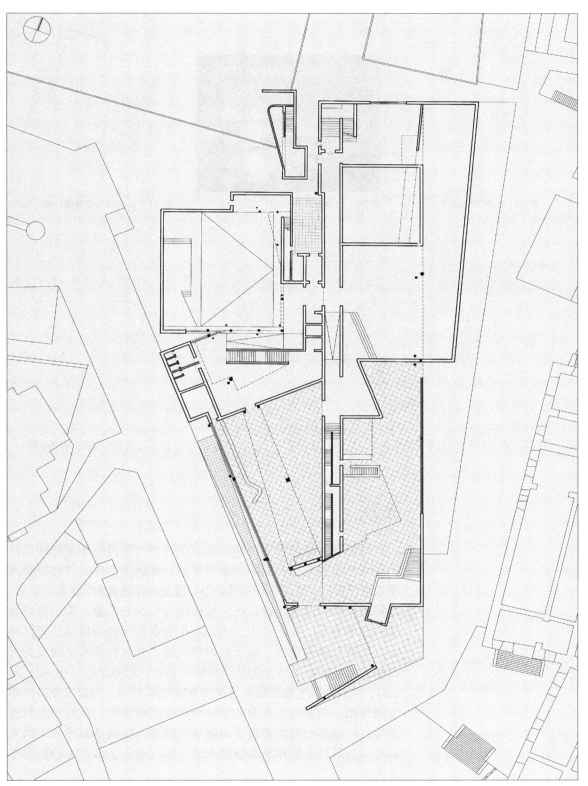

图 18 一层平面图

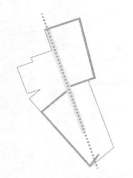

图 19　S 型外墙边界

图 20　报告厅内部空间

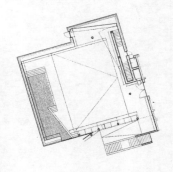

图 21　西北部独立体量一层平面图

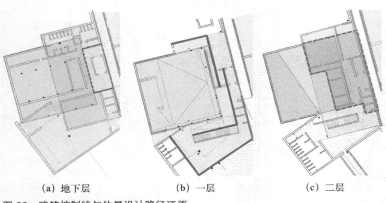

（a）地下层　　　　　　　　（b）一层　　　　　　　　（c）二层

图 22　建筑控制线与体量设计路径还原

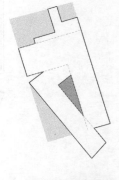

图 23　三角形向外扩展的态势

光影

　　西班牙具有环境优美和光线充足的地中海气候地域特征，西扎一直试图将这种光影引入室内空间，依据每个空间对光的特殊需求进行设计，通过各种形式的窗，使室外光线直射、反射、折射、散射及漫射到建筑内部，在空间中相互交织与重叠，营造静谧温馨的光晕效果。在艺术中心中，水平侧窗将顶棚与墙体分离，光线直接射入室内空间；展示空间的天窗下置放白板将光线反射至顶棚，光线间接的渗透创造了舒缓而均质的展览氛围（图 24、图25）；中庭高出屋面的倾斜天窗使光线统领空间，构建了宁静而明亮的气氛。同时人工光源被巧妙地隐于顶棚之内，散发出柔和的光线，与自然光共同营造了明暗变化微妙、极具戏剧性效果的光影空间。通过光影多层级空间阅读，西扎展示了其惊人的空间想象力。

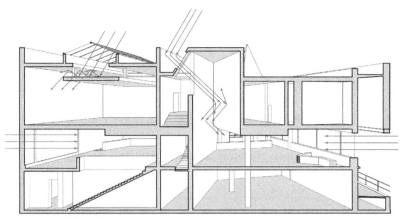

图 24　建筑空间光影关系分析图

图 25　建筑空间光影关系

细部刻画

西扎的作品简洁明确，一方面源于早期他对雕塑的痴迷与偏爱，使他具有处理建筑形体敏锐的洞察力和高超的技艺，通过对形体的塑造，虚实、比例、尺度、光控，西扎赋予建筑静谧而有力度的雕塑感。另一方面强调建筑的几何纯粹性，摒弃立面装饰性元素，并力图创造极具个性的形式语汇。使用简洁的建筑形式给予基地积极地回应，并赋予周边复杂的城市肌理以秩序感。西扎寻求简洁形式背后的丰富性：建筑墙、窗的细部设计，人与建筑、场地密切接触的地方均是建筑师进行重点刻画的部分。在建筑的西南侧入口处，西扎设计了工字钢、栏杆以及窗框等构件，与巨大简洁的体量形成对比，强化了建筑细部的丰富与精致。同时依据美学比例划分建筑体量，并通过光感、体量感、质感与之交相呼应。横向长窗的运用增强了室内外景观与视线的联系，在界定建筑轮廓的同时，使建筑与场地呈现柔性交接（图 26a）。

立面采用了灰色花岗石作为外部饰材，力求厚重的视觉效果，延续了圣地亚哥城的历史文脉。关于材料的选择，西扎曾认为将建筑建为白色的想法相对于文脉而言过于强烈，因此他选择在圣地亚哥使用传统花岗岩作为外立面材料，使之成为传承文脉的媒介。在西侧与南侧沿街立面上，西扎采用了 50mm 厚的 L 形和 U 形的型钢过梁，在视觉上塑造笔直过梁支撑上部花岗岩的形象（图 26b），由此形成视觉张力，外挂石材将钢结构隐藏在内，而过梁将钢结构展现在外。在南侧立面意图更为明显，悬浮的墙体将重量传递给钢梁，而钢梁完全由两个粗短的圆柱体钢柱支撑，进一步将力量传递到下方墙体。

(a)

(b)

图 26　建筑建造实景照片

结语

　　西扎一方面从现代建筑大师的建筑作品中吸取营养，丰富其设计方法，提升内在修养；另一方面借鉴传统智慧，对地形、地域文化进行深刻、细腻的理解与把握。从概念设计、设计深化到建造，西扎在控制建筑整体性的同时不断地进行修正，营造出简约的建筑形式，梦幻的空间效果与当代意义上的场所精神。西扎承继了现代建筑的核心内涵并将之嫁接到地域的传统中，形成了独特的建筑语境。

注　释：

1. 引自 1992 年西扎获得建筑普利策奖时评审委员会评语。参见：http：//www.pritzkerprize.com/siza.htm

分析与图解

胡一可

经典建筑作品分析是设计课程教学中的重要环节，是将设计分析作为教学的策略和方法。作品分析环节通常设置在本科低年级，以图面效果和模型精度作为评价标准的现象并不鲜见，由于低年级学生缺乏西方建筑史基础知识，加之教学过程中未能对分析方法进行系统性阐释，学生很难深入地理解设计分析的意义。而在研究生阶段开展的此类课程，又缺乏针对"设计"展开的讨论。以独特的视角审视作品分析环节，亟需解决的问题在于案例选取、分析方法梳理、成果应用等几个层面。

案例的选取并非易事，首先需要进行价值判断。在互联网造就的信息泛化时代，学生对于方案的借鉴往往是对表象的借鉴而非对设计本身的深入探讨。建筑作品承载的信息量巨大，分析角度与成果很大程度上取决于分析者的定位。本书承担的任务之一是对案例的精心筛选，以避免片段式的浅阅读。选取经典案例，使之既能提供观察建筑的独特视角，引发有关生活模式的探讨，又具有独特的空间组织和体验方式，在空间原型方面具有创新性。

在传统教学体系中，作品分析目的涵盖两个层面：一是理解经典建筑的基础知识和基本内涵，二是掌握经典建筑的分析方法。20世纪50年代具有先锋思想的"德州骑警"成员系统地尝试和发展了各种分析方法，如空间层次、功能关系、组织结构分析等，并将"分析"作为现代建筑教育的关键词。

建筑在长期演变发展的过程中，空间效率问题制约了空间形式，建筑大多可以归纳为简单的几何形体。构成空间的逻辑关系或是满足数理规律，或是符合构图原则，二者都能有效地组织建筑空间。以形式美规律寻求秩序感成为"分析"的主要目的：即理清数理逻辑和组织关系的同时，探讨先验形式或空间原型——建筑空间本体超越时空、具有普适意义的部分，涵盖了完整的知识和方法体系。

作品的解读一般包括空间关系、结构系统、体量等几个方面，分析的主要关系包括层次关系、几何关系和结构关系。其实质是从各层面、各角度阐述建筑的生成逻辑。案例的解读，是对建筑作品的解释和阅读的手段，而不是简单地对现存秩序的简化。因此，平、立、剖面适用于表达建筑空间程序；轴测图适用于表达空间构成关系。很多经典建筑作品为学生提供了空间构成与组织的基本原则，而"分析"的过程就是探寻空间生成机制和事物深层结构形式的过程。同时,"分析"仍需完成另一项任务,即从抽象再到具象的过程,表达由物质空间布局引发的空间体验,包括空间的封闭与开敞,虚与实,公共性与私密性等,关乎阻隔、流动、渗透等空间特性,也关乎建筑各组成要素间的相互关系。

"分析"的主要媒介(也是方法)为图解和模型。模型分析并非对建筑的简单再现,而是要体现分析者所捕捉到的"关系",可以理解为图解的另外一种形式。图解是对概念、结构关系等简化、抽象的视觉表达,广泛地存在于各领域,如医学解剖图和交通示意图,与之不同的是,建筑图解并非结果的呈现,而是一种分析方法。仅以形式逻辑分析为例,就涉及从节奏与韵律、对称与均衡、比例与尺度等各方面进行的抽象与评鉴。图解既是客观的,亦是主观的。客观是因其总以数比关系进行表达,主观是因为分析的对象、层次和视角往往是经主观选择的。

图解虽然是一个虚拟的、非具象化的工具,但操作起来有利于帮助学生建立空间概念。图解的优势在于直接有效地描述几何图形与空间关联性,进行几何体与其三视图、展开图之间的转化,是一个从具体到抽象、从感性到理性的过程,并运用测量、计算、图形变换等方法来解释和处理基本空间与图形的问题。建筑空间营造涉及形态学、类型学、几何学等诸多方面,相对深奥的描述和表达往往让低年级学生难以入手,图解能够以直观的方式,由空间认知开始,逐步走向空间设计。

设计分析是对复杂结构关系进行再思考的过程,不仅可以再现物质实体,而且可以通过图形化的过程重新建立并发展新的概念,使得"分析"和"设计"彼此协同,进行内在逻辑结构的探讨。分析的过程本身可以激发创造潜能。而"解读"的过程是设计手法积累的过程,可以在很大程度上改善学生设计语言匮乏的问题,甚至成为"制造空间"的工具。

要避免简单的模仿,在案例分析时则需更多地关注空间原型,原型可能是"结构原型"、"形态原型"或"关系原型",原型分析可挖掘出建筑师心目中的理想空间。在当今设计领域,案例分析所使用的图解方法已经运用到实际设计过程中,并不同程度地成为推动建筑设计的有效动力和操作策略。通常,只有在设计过程中,才能更深刻地理解建筑。图解对象并非他人的作品而是自己的创作意图,因此,案例分析不仅是视觉传达的手段,更是再设计的过程。

由于建筑涉及的问题相对复杂,了解经典作品的最好方式还是现场调研和体验。体验的内容包括场地环境、体量构思、空间组织、结构选型、材料细部等方面,甚至前期策划和后期维护管理亦在考察范围之列。分析者需要清晰地判断解读究竟在哪个阶段起作用,确定了具体环节才能有的放矢地确定分析内容及分析方法。在分析过程中，尽量从建筑本体出发进行解析，避免标签化处理。

解读过程中不存在合法性问题，即允许"误读"。建筑多元化发展的态势延续至今，其实在建筑师缺席的分析过程中误读一直存在。建筑作品是特定时间、空间、环境的产物，同时受到技术和经济条件制约，而"分析"是以主观观念再现彼时的空间状态，有时会给人时空错位之感，因此，不同时代背景对于同一案例的理解会有很大差异。此外，案例分析要避免陷入风格之争，建议结合具体问题进行分析。案例分析不在于多，而在于精，学生能否通过分析与图解悟出空间与形式操作方法应该是本书写作的要义。

图片来源

萨伏伊别墅

封面图：

图 1~ 图 9：作者自绘

约翰·海杜克系列住宅

题图：John Hejduk. Mask of Medusa[M]. New York：Rizzoli，1985：303.

图 1：Carmean E. A.，P.Mondrian.the Diamond Compositions[M].Washington D C：National Gallery of Art，1979：30.

图 2、图 3：John Hejduk. Mask of Medusa[M]. New York：Rizzoli，1985：244，245.

图 4~ 图 6：作者自绘

图 7：作者拍摄

图 8~ 图 10：John Hejduk. Mask of Medusa[M]. New York：Rizzoli，1985：269，273，299.

图 11：作者自绘

图 12：薛恩伦.勒·柯布西耶 [M].北京：中国建筑工业出版社，2011：210.

图 13：作者拍摄

图 14~ 图 17：作者自绘

德梅尼尔住宅

题图：[美] 奥斯卡·列拉·奥赫达著.TEN HOUSES– 世界小住宅 9[M].张俊清 译.北京：中国建筑工业出版社，2000：19.

图 1：[美] 奥斯卡·列拉·奥赫达著.TEN HOUSES– 世界小住宅 9[M].张俊清 译.北京：中国建筑工业出版社，2000：14.

图 2：[瑞士]W·博奥席耶，O·斯通诺霍编著.勒·柯布西耶全集第 1 卷 [M].牛燕芳，程超 译.北京：中国建筑工业出版社，2005：130.

图 3~ 图 6：作者自绘

图 7、图 8：[瑞士]W·博奥席耶，O·斯通诺霍 编著.勒·柯布西耶全集第 1 卷 [M].牛燕芳，程超 译.北京：中国建筑工业出版社，2005：164.

图 9、图 10：作者自绘

图 11：Peter Amell and Ted Bickford Associate Editor.Charles Gwathmey and Robert Siegel–Building and Projects 1964–1984[M].New York：Ivan Zaknic Harper & Row Publishers.

图 12~ 图 14：作者自绘

千禧教堂

题图：作者拍摄

图 1：Richard Meier & Partners Complete Works 1963–2013.Taschen，2010：372.

图 2~ 图 6：作者自绘

图 7：Kenneth Frampton.RICHARD MEIER 2003[M].Belgium：Phaidon Press，2003：231.

图 8~ 图 13：作者自绘

图 14：Richard Meier & Partners Complete Works 1963–2013.Taschen，2010：381.

图 15：作者自绘

维克斯纳视觉艺术中心

题图：Editorial Offices.Re：Working Eisenman[M]，UK：Academy Editions.1993：72.

图 1：[美] 彼得·埃森曼. 图解日志 [M]. 北京：中国建筑工业出版社，2005：51.

图 2、图 3：Stephen Downey.Eisenman Architects：selected and current works[M]. Australia：The Images Publishing Group Pty Ltd，1995：52，30.

图 4、图 5：作者自绘

图 6：Eisenman P. Wexner Center for the Visual Arts[M].New York：Rizzoli，1984：73.

图 7：Eisenman P.WEXNER CENTER FOR THE VISUAL ARTS,THE OHIO STATE UNIVERSITY[M].RIZZOLI INTERNATIONAL PUBLICATIONS,INC,1989：154–155

图 8~ 图 10：作者自绘

图 11：Stephen Downey.Eisenman Architects：selected and current works[M].Australia：The Images Publishing Group Pty Ltd，1995：112.

图 12：作者自绘

图 13：Stephen Downey.Eisenman Architects：selected and current works[M].Australia：The Images Publishing Group Pty Ltd，1995：114.

图 14、图 15：作者自绘

图 16：Eisenman P.Wexner Center for the Visual Arts[M].New York：Rizzoli，1984：171.

图 17：https://eisenmanarchitects.com/Wexner-Center-for-the-Visual-Arts-and-Fine-Arts-Library-1989.

图 18：Eisenman P.Wexner Center for the Visual Arts[M].New York：Rizzoli，1984：197.

图 19：作者自绘

图 20：Eisenman P.Wexner Center for the Visual Arts[M].New York：Rizzoli，1984：207.

波尔多住宅

题图：姜珺. 波尔多住宅，波尔多，法国 [J]. 世界建筑，2003，02：46–51.

图 1~ 图 3：Editorial EL Croquis，EL Croquis 131/132（I），Madrid，2006：72，73，81.

图 4~ 图 5：作者自绘

图 6：Editorial EL Croquis，EL Croquis 131/132（I），Madrid，2006：85.

图 7~ 图 12：作者自绘

图 13：[英] 威廉 J·R·柯蒂斯著 .20 世纪世界建筑史 [M]. 本书翻译委员会 译 . 北京：中国建筑工业出版社，2011：157.

图 14：Editorial EL Croquis，EL Croquis 131/132（I），Madrid，2006：79.

图 15、图 16：作者自绘

图 17：https：//www.mutualart.com/Artwork/Villa-Allegonda-in-Katwijk-des-Architekt/599E4BB8FAD569D4

图 18：桂鹏，郑忻 . 风格派的建筑师 [J]. 新建筑，2007（04）：87.

图 19：[英] 威廉·J·R·柯蒂斯 .20 世纪世界建筑史：第 3 版 [M]. 中国建筑工业出版社，2011：154.

图 20：作者自绘

赫尔辛基当代艺术博物馆

题图：Editorial EL Croquis，EL Croquis 93-108，Madrid，2003：243.

图 1~ 图 4：作者自绘

图 5~ 图 8：Editorial EL Croquis，EL Croquis 93-108，Madrid，2003：259，253，277，257.

图 9、图 10：作者自绘

图 11：作者拍摄

图 12：Frampton K.Steven Holl Architect.New York：Princeton Architectural Press，2003：216.

图 13、图 14：方海 . 芬兰现代艺术博物馆 [M]. 北京：中国建筑工业出版社，2003：76，72.

图 15：Editorial EL Croquis，EL Croquis 93-108，Madrid，2003：270.

图 16：作者自绘

图 17：Editorial EL Croquis，EL Croquis 93-108，Madrid，2003：263，265，268.

图 18：作者拍摄

图 19：Editorial EL Croquis，EL Croquis 93-108，Madrid，2003：263.

仙台媒质机构

题图：[日] 伊东丰雄建筑设计事务所 著 . 建筑的非线性设计——从仙台到欧洲 [M]. 慕春暖 译 . 北京：中国建筑工业出版社，2005：156-157.

图 1：作者自绘

图 2：EL Croquis 123，Editorial el Croquis，S.L，2005：54.

图 3~ 图 5：作者自绘

图 6a：作者拍摄

图 6b：作者自绘

图 7：作者拍摄

图 8：(上) 作者自绘；(中)[日] 伊东丰雄建筑设计事务所 著 . 建筑的非线性设计——从仙台到欧洲 [M]. 慕春暖 译 . 北京：中国建筑工业出版社，2005：87；(下) 作者拍摄 .

图 9、图 10：作者自绘

图 11、图 12：作者拍摄

流水别墅

题图：Frank Lloyd Wright，Kenneth Frampton.Frank Lloyd Wright：The Houses[M].New York：Rizzoli，2005：240.

图 1、图 2：作者自绘

图 3：Frank Lloyd Wright，Bruce Brooks Pfeiffer.Frank Lloyd Wright，1917-1942：The Complete Works[M].Taschen，2010：251.

图 4~ 图 13：作者自绘

图 14、图 15：Frank Lloyd Wright, Kenneth Frampton. Frank Lloyd Wright：The Houses[M]. New York：Rizzoli, 2005：240，241.

玛丽亚别墅

题图：[英] 威廉 J·R·柯蒂斯著 .20 世纪世界建筑史 [M]. 本书翻译委员会 译 . 北京：中国建筑工业出版社，2011：347.

图 1：Alvar Aalto.Alvar Aalto（Volume1）[M].Basel，Boston，Berlin：Birkhauser，1963：109

图 2：Alvar Aalto. Alvar Aalto in seven buildings：Interpretations of an architect's work[M]. Helsinki：Museum of Finnish Architecture，1998：49

图 3、图 4：作者自绘

图 5~ 图 8：作者拍摄

图 9~ 图 11：作者自绘

图 12：www.alvaraalto.fi

图 13：Juhani Pallasmaa. Alvar Aalto：Villa Mairea，1938–1939[M]. Helsinki：Villa Mairea Foundation，1998：80.

图 14：作者拍摄

图 15：作者自绘

图 16~ 图 19：作者拍摄

图 20：作者根据实景照片重绘

布里昂家族墓园

题图：张昕楠拍摄

图 1~ 图 6：作者自绘

图 7：张昕楠拍摄

图 8~ 图 10：作者自绘

图 11~ 图 13：张昕楠拍摄

图 14：作者自绘

图 15：作者自绘；张昕楠拍摄

图 16：张昕楠拍摄

图 17：作者自绘

缪尔马基教堂

封面图：Museum of Finnish Architecture.Juha leiviska[M].Helsinki.1999.

图 1~ 图 7：作者自绘

图 8：Plummer H.The architecture of natural light[M].Thames & Hudson，2009：31.

图 9：作者自绘

图 10~ 图 12：Museum of Finnish Architecture.Juha leiviska[M].Helsinki.1999.

图 13~ 图 16：作者自绘

图 17、图 18：Museum of Finnish Architecture.Juha leiviska[M].Helsinki.1999.

图 19~ 图 21：作者自绘

图 22：Plummer H.The architecture of natural light[M].Thames & Hudson，2009：32.

理查德实验楼

题图：作者拍摄

图 1：作者自绘

图 2：作者拍摄

图 3、图 4：作者自绘

图 5：作者根据 Jhaveri S，Vasella A. Louis I. Kahn：complete works 1935-1974[M]. Birkhauser，1987：72，82，47 改绘

图 6、图 7：作者自绘

图 8：作者根据 Jhaveri S，Vasella A. Louis I. Kahn：complete works 1935-1974[M]. Birkhauser，1987：108 改绘

图 9、图 10：作者根据 Jhaveri S，Vasella A. Louis I. Kahn：complete works 1935-1974[M]. Birkhauser，1987：118，102 改绘

图 11、图 12：作者自绘

图 13：Frank Lloyd Wright，Bruce Brooks Pfeiffer. Frank Lloyd Wright，1917-1942：The Complete Works[M]. Taschen，2010：183.

金泽 21 世纪当代美术馆

题图：www.kanazawa21.jp

图 1、图 2：作者自绘

图 3：作者拍摄

图 4~ 图 15：作者自绘

图 16：作者拍摄

图 17、图 18：作者自绘

瓦尔斯温泉浴场

题　图：Thomas Durrisch. Peter Zumthor 1985-2013（volume1，2）[M]. Verlag Scheidegger & Spiess AG，2014：30.

图 1：根据大师编辑部 . 彼得·卒姆托 . 武汉：华中科技大学出版社，2007：115. 改绘

图 2：作者拍摄；Peter Zumthor. Peter Zumthor Therme Vals[M].Scheidegger&Spiess，2007：25.

图 3、图 4、图 7：作者拍摄

图 5：作者自绘

图 6：Carmean E. A.，P.Mondrian.the Diamond Compositions[M].Washington D C：National Gallery of Art，1979：62.

图 8~ 图 10：a+u 建筑与都市，1998（02）临时增刊：164，165，168，169.

图 11：作者自摄

图 12：Thomas Durrisch.Peter Zumthor 1985-2013（volume1，2）[M].Verlag Scheidegger & Spiess AG，2014：112-113.115.

图 13：作者拍摄，Peter Zumthor.Peter Zumthor Therme Vals[M].Scheidegger &Spiess，2007：142.

图 14：http：//www.bathsbudapest.com/rudas-bath

图 15：Peter Zumthor.Peter Zumthor Therme Vals[M].Scheidegger&Spiess，2007：159.

图 16、图 17：Peter Zumthor.Peter Zumthor Therme Vals[M].Scheidegger&Spiess，2007：110，112.

Sarphatistraat 办公体

题图：Steven Holl，Urbanisms：Working with Doubt，2009，Princeton Architectural Press：223.

图 1：作者根据 Steven Holl，Urbanisms：Working with Doubt，2009，Princeton Architectural Press：220. 改绘

图 2~ 图 4：Piotr Furmanek. The culture-g aspects of revitalization – the case of extension of the Sarphatistraat Offices building in Amsterdam[J].Architectus.2012：2（32）：102，103.

图 5：Steven Holl，Urbanisms：Working with Doubt，2009，Princeton Architectural Press：223.

图 6~ 图 8：作者自绘

图 9：作者拍摄

图 10、图 11：作者自绘

图 12：（上）https：//www.archdaily.com/201033/flashback-sarphatistraat-offices-steven-holl-architects；（下）http：//www.stevenholl.com/projects/sarphatistraat-offices

图 13：作者自绘

图 14：（左）https：//www.archdaily.com/84988/ad-classics-ronchamp-le-corbusier；（右）http：//www.floornature.com/sarphatistraat-office-4366/

微型紧凑之家

题图：Micro-Architecture[M].Thames&Hudson 出版社，2008：226.

图 1：参考建筑细部 [J]，2005（02）：80 作者自绘 .

图 2：（上）黄居正拍摄（下）http：//petitcabannon.blogspot.com/

图 3：作者自绘

图 4：Richard Horden.Micro-Architecture[M].London：Thames & Hudson London，2008：223-225.

图 5、图 6：作者自绘

图 7：建筑细部 [J]，2005（02）：73，76.

图 8：作者自绘

图 9：Richard Horden.Micro-Architecture[M].London：Thames & Hudson London，2008：239.

图 10（上）作者自绘；（下）Richard Horden.Micro-Architecture[M].London：Thames & Hudson London，2008：249.

图 11：建筑细部 [J]，2005（02）：81.

图 12：Richard Horden.Micro-Architecture[M].London：Thames & Hudson London，2008：242.

巴拉干自宅兼工作室

题图：Daniele Pauly.Barragan：space and shadow，walls and colour[M]. Basel；Boston：Birkhauser，2002.

图 1、图 2：作者自绘

图 3：https：//www.archdaily.com/102599/ad-classics-casa-barragan-luis-barragan/5037f5e528ba0d599b0006a1-ad-classics-casa-barragan-luis-barragan-photo

图 4：作者自绘

图 5：（上）作者自绘；（下）Daniele Pauly.Barragan：space and shadow, walls and colour[M].Basel；Boston：Birkhauser, 2002.

图 6、图 7：作者自绘

图 8~ 图 10：Daniele Pauly.Barragan：space and shadow, walls and colour[M].Basel；Boston：Birkhauser, 2002.

图 11：作者自绘

图 12：Daniele Pauly.Barragan：space and shadow, walls and colour [M].Basel；Boston：Birkhauser, 2002；

图 13：大师系列丛书编辑部 . 路易斯·巴拉干的作品与思想 [M]. 北京：中国电力出版社, 2006：53.

加利西亚现代艺术中心

题图片：Henry Plummer, The Architecture of The Nature Light, London：Thames&Hudson, 2009：211.

图 1：作者自绘

图 2：Editorial EL Croquis, El Croquis 68/69+95, Madrid, 2000：134.

图 3：作者自绘，图片参照：Editorial EL Croquis, El Croquis 68/69+95, Madrid, 2000.：134.

图 4：Editorial EL Croquis, El Croquis 68/69+95, Madrid, 2000：135.

图 5：Editorial EL Croquis, El Croquis 68/69+95, Madrid, 2000：145.

图 6：Editorial EL Croquis, El Croquis 68/69+95, Madrid, 2000：137；Editorial EL Croquis, El Croquis 68/69+95, Madrid, 2000：139.

图 7~ 图 13：作者自绘

图 14：a. 作者自绘；b.Editorial EL Croquis, El Croquis 68/69+95, Madrid, 2000：144.

图 15~ 图 19：作者自绘

图 20：Editorial EL Croquis, El Croquis 68/69+95, Madrid, 2000：154.

图 21~ 图 24：作者自绘

图 25：Philip Jodidio, ALVARO SIZA Complete Works 1952-2013, Cologne：taschen, 2014：157, 158.

图 26：a.Editorial EL Croquis, El Croquis 68/69+95, Madrid, 2000：141；b.Editorial EL Croquis, El Croquis 68/69+95, Madrid, 2000：138.

参考文献

萨伏伊别墅

[1] 宗国栋，张为诚 编译 . 世界建筑名家名作 [M]. 北京：中国建筑工业出版社，1991.

[2] 纽金斯·P. 世界建筑艺术史 [M]. 顾孟潮，张百平 译 . 合肥：安徽科学技术出版社，1990.

[3] 勒·柯布西耶 著 . 走向新建筑 [M]. 陈志华 译 . 天津：天津科学技术出版社，1991.

[4] 陈志华 . 外国建筑史（19 世纪末叶以前）[M]. 北京：中国建筑出版社，2010.

[5] [英] 艾伦·科洪著 . 建筑评论——现代建筑与历史嬗变 [M]. 刘托 译 . 北京：知识产权出版社，中国水利水电出版社，2005：34-50.

[6] [荷] 亚历山大·佐尼斯著 . 勒·柯布西耶：机器与隐喻的诗学 [M]. 金秋野，王又佳 译 . 北京：中国建筑工业出版社，2004.

约翰·海杜克系列住宅

[1] 孔宇航，邹强 . 不同的追求——对两名美国建筑师不同的比较 [J]. 大连理工大学学报（社会科学版），1999（12）：42-45.

[2] John Hejduk. Mask of Medusa[M].New York：Rizzoli，1985.

[3] 胡恒 . 建筑师约翰·海杜克索引 . 建筑师，2004（10）：79-89.

[4] John Hejduk.Mask of Medusa[M].New York：Rizzoli，1985.

德梅尼尔住宅

[1] Peter Amell and Ted Bickford Associate Editor.Charles Gwathmey and Robert Siegel-Building and Projects 1964-1984[M].New York：Ivan Zaknic Harper&Row Publishers.

[2] Brad Collins and Diane Kasprowicz.Gwathmey Siegel-Buildings and Projects 1982-1992[M].Rizzoli，1994.

[3] [美] 奥斯卡·列拉·奥赫达著 .TEN HOUSES- 世界小住宅 9[M]. 张俊清 译 . 北京：中国建筑工业出版社，2000.

[4] 尹思谨 . 理性的回归：新千年的建筑主流——新现代主义 [J]. 世界建筑，2001，03：86-89.

[5] 露易 . 走近柯布 [J]. 时代建筑，2002，（5）.

[6] 丁沃沃，张雷，冯金龙 编著 . 欧洲现代建筑解析 [M]. 江苏：江苏科学技术出版社，1999.

千禧教堂

[1] [美] 柯林·罗，罗伯特·斯拉斯基著 . 透明性 [M]. 金秋野，王又佳 译 . 北京：中国建筑工业出版社，2007.

[2] [美] 柯林·罗，弗瑞德·科特 . 拼贴城市 [M]. 童明 译 . 北京：中国建筑工业出版社，2003.

[3] 丁帆 . 当代建筑透明性的形式逻辑与表现手法研究 [D]. 天津：天津大学，2011.

[4] 建筑师编辑部 . 国外建筑大师思想肖像（下）[M]. 北京：中国建筑工业出版社，2008.

[5] 史永高 . 材料呈现 [M]. 北京：中国建筑工业出版社，2010.

维克斯纳视觉艺术中心

[1] 尹一木，朱涛．采访埃森曼 [J]．世界建筑，1999，（7）：67-71．

[2] Eisenman P.Diagram Diaries[M].New York：Universe Publishing，1999.

[3] Eisenman P.Wexner center for the visual art[M].New York：Rizzoli，1984.

[4] Eisenman P.Peter Eisenman versus Leon Krier：My idea is better than yours[J].Architecture Design，1989，（1）：7-18.

波尔多住宅

[1] 刘松茯，孙巍巍．雷姆·库哈斯 [M]．北京：中国建筑工业出版社，2009．

[2] Editorial EL Croquis，EL Croquis 131/132（I），Madrid，2006.

[3] Editorial EL Croquis，EL Croquis 134/135（II），Madrid，2007.

[4] 桂鹏，郑忻．风格派的建筑师 [J]．新建筑，2007，04：86-89．

[5] 崔潇．谈波尔多住宅——从"异规"到"触底" [J]．城市建筑，2014，（26）：198-199．

[6] 徐洁．波尔多住宅 [J]．时代建筑，2002，06：66-69．

[7] 姜珺．波尔多住宅，波尔多，法国 [J]．世界建筑，2003，02：46-51．

[8] [法] 加斯东·巴什拉著．空间的诗学 [M]．张逸 译．上海：上海译文出版社，2009．

赫尔辛基当代艺术博物馆

[1] Editorial EL Croquis，EL Croquis 78，Madrid，1996.

[2] Editorial EL Croquis，EL Croquis 93，Madrid，1996.

[3] Editorial EL Croquis，EL Croquis 108，Madrid，2003.

[4] Editorial EL Croquis，EL Croquis 141，Madrid，2008.

[5] 建筑素描中文版编辑部著，EL Croquis 172，北京：《建筑创作》杂志社，2014．

[6] Steven Holl，Parallax，Prineeton Architectural Press，2000.

[7] Steven Holl，Intertwining：Selected Projects 1989-1995，Prineeton Architectural Press，1996.

[8] [美] 斯蒂文·霍尔著．屈泊静 译．用建筑诉说 [M]．北京：电子工业出版社，2012．

[9] 大师系列丛书编辑部编著．斯蒂文·霍尔的作品与思想 [M]．北京：中国电力出版社，2005．

仙台媒质机构

[1] [日] 伊东丰雄建筑设计事务所著．建筑的非线性设计——从仙台到欧洲 [M]．慕春暖 译．北京：中国建筑工业出版社，
2005．

[2] 王洁，朱鸽飞．从空间的构筑到场所的形成——评仙台媒体中心的非构筑性 [J]．华中建筑，2006，（24）：31-33．

[3] 王舸．"非理性"中的"理性"——仙台媒体艺术中心的结构表现 [J]．华中建筑．2014，（11）：12-14．

[4] 孟宪川．试论仙台媒体中心建筑师与结构师的合作 [J]．建筑师，2008，（01）：55-61．

[5] 程 亮，谢振宇．仙台媒体中心的非理性因素解析 [J]．华中建筑，2006，（12）：16-18．

[6] 孔宇航，王时原．解读文化建筑——有感于仙台媒质结构设计 [J]．城市建筑，2009，（09）：27-29．

[7] A Isozaki.Japan-ness in architecture[M].New York：MIT Press，2011.

流水别墅

[1] Frank Lloyd Wright，Kenneth Frampton. Frank Lloyd Wright：The Houses[M]. New York：Rizzoli，2005.

[2] Frank Lloyd Wright，Bruce Brooks Pfeiffer.Frank Lloyd Wright，1917-1942：The Complete Works[M].Taschen，2010.

[3] Christian Norberg-Schulz. Meaning in western architecture.New York：Rizzoli，1974.

[4] [美] 富兰克林·托克 . 流水别墅传 [M]. 林鹤 译 . 北京：清华大学出版社，2009.

[5] [美] 约瑟夫·里克沃特 . 亚当之家——建筑史中关于原始棚屋的思考 [M]. 李保 译 . 北京：中国建筑工业出版社，2006.

[6] [英] 斯宾塞尔·哈特 . 赖特筑居 [M]. 李蕾 译 . 北京：中国水利水电出版社，1991.

玛丽亚别墅

[1] Juhani Pallasmaa. Alvar Aalto：Villa Mairea，1938-1939[M]. Helsinki：Villa Mairea Foundation，1998.

[2] Alvar Aalto. Alvar Aalto in seven buildings：Interpretations of an architect's work[M]. Helsinki：Museum of Finnish Architecture，1998.

[3] [美] 肯尼斯·弗兰姆普敦 . 现代建筑：一部批判的历史（第四卷）[M]. 张钦楠 译 . 北京：生活·读书·新知三联书店，2012.

[4] Richard Weston.Twentieth-Century Houses. London：Phaidon Press Limited，1999.

布里昂家族墓园

[1] Carlo Scarpa.Can Architecture be Poetry.Lecture at the Akademie der bildenden Kunste in Vienna，1976.11.6.

[2] Yutaka Saito.Carlo Scarpa= 建筑诗人 .Idea Books Amsterdam，1997.

[3] [美] 肯尼斯·弗兰姆普敦 著 . 建构文化研究——论 19 世纪和 20 世纪建筑中的建造诗学 [M]. 王骏阳 译 . 北京：中国建筑工业出版社，2007：321-327.

[4] Adolf Loos.Spoken into Void[M].The Mit Press，1987.

[5] 诸瑞基 .Carlo Scarpa——空间中流动的诗性 [M]. 田园城市出版社，2007.

[6] Francesco Dal Co，Giuseppe Mazzariol.Carlo Scarpa[M].Rizzoli International Publication，2002.

[7] 张昕楠 . 卡洛·斯卡帕 [D]. 天津：天津大学，2007.

[8] 李雾著 . 国外著名建筑师丛书：卡罗·斯卡帕 [M]. 北京：中国建筑工业出版社，2011.

缪尔马基教堂

[1] Museum of Finnish Architecture.Juha leiviska[M].Helsinki.1999.

[2] [英] 威廉 J·R·柯蒂斯著 .20 世纪世界建筑史 [M]. 本书翻译委员会 译 . 北京：中国建筑工业出版社，2011.

[3] 方海 . 芬兰新建筑 [M]. 南京：东南大学出版社，2003.

[4] [美] 肯尼斯·弗兰姆普敦著 . 建构文化研究——论 19 世纪和 20 世纪建筑中的建造诗学 [M]. 王骏阳 译 . 北京：中国建筑工业出版社，2007：91.

[5] [丹]S·E·拉斯姆森 . 建筑体验 [M]. 刘亚芬 译 . 北京：知识产权出版社，2008.

[6] Leiviskä at Myyrmaki，The Architectural Review，1987（6）.

[7] 王昀 . 跨界设计·建筑与音乐 [M]. 北京：中国电力出版社，2012.

[8] 黄东 . 光弹奏的教堂——芬兰建筑师莱维斯加 [J]. 世界建筑，2006，（11）：114-117.

[9] 方海 . 芬兰建筑的两极——阿尔托，布隆姆斯达特及其建筑学派 [J]. 建筑师，2005，（02）：44-55.

[10] 徐佳，陈立群 . 芬兰建筑师朱哈·利维斯凯 [J]. 华中建筑，1999，（02）：11-15.

[11] 姜利勇，赖成发，高广华. 密斯砖宅另解之符号因子的拓扑解码 [J]. 华中建筑，2008，（03）: 25-28.

理查德实验楼

[1] [美] 彼得·埃森曼著. 建筑经典 [M]. 范路，陈洁，王靖 译. 北京: 商务印书馆，2015.

[2] [日] 原口秀昭著. 路易斯.I. 康的空间构成 [M]. 徐苏宁，吕飞 译. 中国建筑工业出版社，2007.

[3] [美] 肯尼斯·弗兰姆普敦著. 建构文化研究——论 19 世纪和 20 世纪建筑中的建造诗学 [M]. 王骏阳 译. 北京: 中国建筑工业出版社，2007: 163-208.

[4] Heinz Ronner，Sharad Jhaveri.Louis I.Kahn（Complete Work 1935-1974）[M]. Birkhauser，1987.

[5] Robert McCarter.Louis I. Kahn[M].Phaidon Press，2005.

[6] Carter Wiseman.Louis I.Kahn（Beyond Time and Style: A Life in Architecture）[M]. W.W.Norton&Company，2007.

金泽 21 世纪当代美术馆

[1] [美] 肯尼斯·弗兰姆普敦著. 建构文化研究——论 19 世纪和 20 世纪建筑中的建造诗学 [M]. 王骏阳 译. 北京: 中国建筑工业出版社，2007: 163-208.

[2] 林哲涵. 细部与材料对建筑师语言的塑造——以 SANAA 作品为例 [J]. 浙江建筑，2014，31（07）: 4-7.

[3] 陈染. 模糊 均质 消隐——金泽 21 世纪美术馆设计分析 [J]. 南方建筑，2009，（1）: 46-51.

[4] Editorial EL Croquis，EL Croquis 77（I），Madrid，1996.

[5] Editorial EL Croquis，EL Croquis 99，Madrid，2000.

[6] Editorial EL Croquis，EL Croquis 139，Madrid，2008.

[7] Editorial EL Croquis，EL Croquis 155，Madrid，2011.

[8] 建筑素描中文版编辑部著，EL Croquis 121/122，北京:《建筑创作》杂志社，2005.

[9] 建筑素描中文版编辑部著，EL Croquis179/180，北京:《建筑创作》杂志社，2015.

瓦尔斯温泉浴场

[1] 大师编辑部. 彼得·卒姆托 [M]. 武汉: 华中科技大学出版社，2007.

[2] [美] 肯尼斯·弗兰姆普敦著. 建构文化研究——论 19 世纪和 20 世纪建筑中的建造诗学 [M]. 王骏阳 译. 北京: 中国建筑工业出版社，2007.

[3] Peter Zumthor.Peter Zumthor Therme Vals[M].Scheidegger&Spiess，2007.

[4] Thomas Durrisch.Peter Zumthor 1985-2013（volume1，2）[M]. Verlag Scheidegger & Spiess AG，2014.

Sarphatistraat 办公体

[1] Steven Holl.Anchoring[M].New York: Princeton Architecture Press，1989: 11.

[2] Steven holl.Intertwining.New York: Princeton Architectural Press，1996.

[3] Steven Holl.Urbanisms: Working with Doubt，2009，Princeton Architectural Press

[4] The culture-forming aspects of revitalization-the case of extension of the sarphatistraat offices building in Amsterdam，Piotr Furmanek，Architectus 2012 No.2（32）.

[5] 梁雪，赵春梅. 感知建筑——浅析 20 世纪 90 年代以后斯蒂文·霍尔的理论探索与设计实践 [J]. 建筑师，2006，04: 24-28.

[6] 王时原，郎亮，高原. 感知细部——解读斯蒂文·霍尔 Sarphatistraat 办公体 [J]. 中外建筑，2010，08：87-89.

微型紧凑之家

[1] 约瑟夫·里克沃特 著. 亚当之家——建筑史中关于原始棚屋的思考 [M]. 李保 译. 北京：中国建筑工业出版社，2006.

[2] 埃德蒙·N·培根 著. 城市设计 [M]. 黄富厢，朱琪 译. 北京：中国建筑工业出版社，2003.

[3] Ju Lins Panero 著. 龚锦译、曾坚 校. 人体尺度与室内空间 [M]. 天津：天津科学技术出版社，2003.

[4] JenneferSiegal.More Mobile[M].New York，Prineton Press.

[5] Richard Horden.Micro-Architecture[M].Thames&Hudson Press，2008.

[6] Richard Horden，Micro Architecture [M].Thames & Hudson Ltd London，2008.

[7] 顾荣明，陈苹. 极小生活———柯布晚年住所分析 [J]. 南京：江苏建筑，2008（6）.

[8] 袁海贝贝，陆伟. 返朴归真——从原始棚屋到微型紧凑之家 [J]. 建筑师，2014（1）.

[9]（美）理查德·霍顿. 微建筑：回顾过去和展望未来 [J]. 建筑细部·微建筑专辑，2005（2），P21.

巴拉干自宅兼工作室

[1] Heinrich Kulka，Adolf Loos，Neues Bauen in der Welt 4，A. Scholl，Vienna，1931.

[2] Diaz，Leonardo，Reversing Modernity，From Public Ramparts to Private Walls：Luis Barragan and Agoraphobia.

[3] JIN-HO PARK，HONG-KYU LEE，YOUNG-HO CHO，KYUNG-SUN LEE，Abstract Neo-Plasticity and Its Architectural Manifestation in the Luis Barragan House/Studio of 1947，2008 SPRINGER SCIENCE+BUSINESS MEDIA，LLC，2009，31（1）.

[4] 黄雯. 吸纳与升华——路易斯·巴拉干设计思想形成历程浅析 [J]. 建筑师，2004，03：52-57.

[5] Leatherbarrow D.The roots of archyteturrl Tnvention：site，enclosuro，materials[M].Cambidge Untiuesity Press，1993.

加利西亚现代艺术中心

[1] Frampton K.Alvaro S：Complete Works[M].London：Phaldon Press Limited，2000：49.

[2] Editorial EL Croquis，EL Croquis 68/69+95，Madrid，2000.

致　谢

　　本书的写作历经十载，在此过程中，大连理工大学建筑与规划研究所与天津大学建筑学院十一建筑工作室的历届研究生付出了艰辛的努力。在最近三年的工作时间内，辛善超执笔完成了约翰·海杜克系列作品与瓦尔斯温泉浴场分析；朱海鹏执笔完成了巴拉干自宅与斯蒂文·霍尔的Sarphatistraat办公体分析；刘健琨执笔完成了赫尔辛基当代艺术博物馆分析；胡一可参与了审稿并负责撰写了一篇评论性文章。

　　在其余十五个作品中，胡一可、刘健琨、张昕楠、郑颖、王志强、史瑶、闫顺凯、颜芳丽、张真真、孙真、熊然、王芸参与了作品的解读与写作。温雷刚、詹越、张天翔、胡丹琳、李丹、曹峻川、苏航参与了作品分析与图解过程，何晓捷、王雪睿、耿玥、霍丹青、李思颖参与图解制作。

　　在全书的统筹过程中，辛善超、朱海鹏、刘健琨、王芸、温雷刚、詹越、白丹等做了大量工作。王又佳对第一篇现代空间中的文章进行了审稿。

　　正是十一工作室全体师生的齐心协力、分工协作使本书在相对短的时间周期中得以顺利地完成。感谢你们的参与及极强的责任心。

　　如果将时间回溯到2001年，在国内发表第一篇作品解读性文章起，这些曾经的参与者贡献是不可忽视的：王又佳、刘亚峥、常守鹏、胡一可、穆清、李越、杨惠芳、曾波。同样在断断续续的写作与整理过程中，王时原、刘九菊、郎亮、李慧莉这些曾经朝夕相处的同事与学生亦做出了重要的贡献。

　　对案例解析的兴趣源于自己在美国读书时两位重要的研究生导师道格拉斯·格拉夫与彼得·埃森曼，他们的建筑理论课与设计课的教学以及书写的分析文章激发了本人在案例研究方面的强烈兴趣。本书能够成稿，他们是重要的启蒙老师。

　　最后也是最重要的，应该感谢中国建筑工业出版社的陈桦女士，在充满各种诱惑的当代社会中，时刻被各种事务缠身，正是她那种不断的提醒与追问，才使作者不至于忘了这么重要的学术性探讨，同样感谢王惠女士对书稿成形过程中的耐心解释。

孔宇航